Doris Tillmann

Kaufrausch. Konsum und Warenwelten der 1980er Jahre

Doris Tillmann

# KAUF RAUSCH

## Konsum und Warenwelten der 1980er Jahre

Ludwig

Diese Publikation wird herausgegeben vom Kieler Stadt- und Schifffahrtsmuseum
und erscheint begleitend zur Ausstellung »Kaufrausch. Konsum- und Warenwelten der 1980er Jahre«
im Stadtmuseum Warleberger Hof vom 21.6.2024 bis 23.2.2025.

Bibliografische Information der Deutschen Nationalbibliothek

Die Deutsche Nationalbibliothek verzeichnet diese Publikation in
der Deutschen Nationalbibliografie; detaillierte bibliografische
Daten sind im Internet auf portal.dnb.de abrufbar.



Verlag Ludwig
Holtenauer Straße 141
24118 Kiel
Tel.: 0431–85464
Fax: 0431–8058305
info@verlag-ludwig.de
www.verlag-ludwig.de

Objektfotografie und Bildbearbeitung: Matthias Friedemann
Die abgebildeten Objekte stammen, wenn nicht anders gekennzeichnet,
aus dem Bestand des Kieler Stadt- und Schifffahrtsmuseums.
Coverentwurf: Christine Klein, Hamburg
Gestaltung und Satz: Inge Schumacher

Gedruckt auf säurefreiem und alterungsbeständigem Papier
Printed in Germany

ISBN 978–3-86935–461-3

# Inhalt

# Die 1980er Jahre im Museum

## Vorwort der Museumsleiterin Dr. Sonja Kinzler

Die wenigsten historischen Museen sammeln materielle Zeugnisse der Gegenwart. Die meisten halten bei der Sammeltätigkeit einen zeitlichen Abstand zum Geschehen. Dieser beträgt in etwa eine Generation beziehungsweise etwa 30 Jahre. Dahinter steckt die sicherlich oft zutreffende Annahme, dass es dann leichter fällt, Relevantes zu identifizieren, ohne dass sammelwürdige Objekte in vielen Fällen schon nicht mehr greifbar wären. Seit ein paar Jahren ziehen also die 1980er Jahre allerorten in die Stadtmuseen und andere kulturhistorische Sammlungen ein.

Im Sammlungsdepot des Kieler Stadt- und Schifffahrtsmuseum fanden sich bislang – abgesehen vom Sammlungsbestand »Schwichtenberg«, von dem gleich noch die Rede sein wird – nur einzelne, über viele Teilbestände verteilte Objekte aus dieser Dekade, etwa Gemälde, Plakate oder Zeugnisse der Industriegeschichte und der Alltagskultur. Die Ausstellung »Kaufrausch« war für das Museum Anlass, mit dem Aufbau eines Bestands zu beginnen, der zunächst für das Thema Konsum und Warenwelten besonders der späteren 1980er Jahre steht und nur teilweise direkt auf die Kieler Geschichte bezogen ist. Hier gilt es nun, stadthistorisch weiterzusammeln. Beim Gang durch die Ausstellung und beim Blättern durch dieses Buch fällt eine Vielzahl unterschiedlicher Produktverpackungen auf. Dahinter steckt eine einmalige Geschichte: Studierende der Kieler Muthesiusschule (Fachhochschule für Gestaltung), Fachbereich Kommunikationsdesign sammelten unter der Leitung von Prof. Bernhard Schwichtenberg 1983/84 über tausend Verpackungen vor allem von Lebensmitteln, Genussmitteln und Hygieneartikeln, um daran Aspekte des Verpackungsdesigns als Kommunikationsmedium zu erörtern. Diese Objekte lagerten seither in Umzugskartons im Depot unseres Museums, bis Dr. Doris Tillmann, Kuratorin der Ausstellung »Kaufrausch«, sich letztes Jahr an die kleinteilige Arbeit gemacht hat, diesen Bestand zu inventarisieren und damit wissenschaftlich zu erschließen.

So sind materielle Zeugnisse aus den 1980er Jahren die Grundlage für dieses Projekt, das damit auch ein überzeugendes Beispiel der Sachkulturforschung ist, wiederum ein Alleinstellungsmerkmal und die große wissenschaftliche Stärke der kulturhistorischen Museen. Kurz gesagt: Die Objekte sind hier nie nur Illustration, sondern im Gegenteil Ausgangspunkt der Auseinandersetzung mit der Wirtschafts- und Gesellschaftsgeschichte der Dekade.

Die gemeinsame Geschichte mit der Muthesiusschule ging noch weiter und wurde aktiv fortgeschrieben: Um Perspektiven der nachgeborenen Generation auf die 1980er Jahre in die Ausstellung zu bringen, hat das Museum mit der Industriedesignklasse von Prof. Dr. Bettina Möllring an der heutigen Muthesius Kunsthochschule eine Kooperation gestartet. Ergebnisse der Auseinandersetzung der Studierenden, die das Museumsteam über mehr als ein Semester hinweg begleiten durfte, mit den 1980er Jahren als Jahrzehnt des Konsums fließen in unsere Ausstellung ein: Eine kleine Auswahl von Arbeiten, die besonders direkt mit Inhalten der historischen Ausstellung korrespondieren, weil sie sich mit heutigen oder zukünftigen Anforderungen an Lebensmittelverpackungen oder mit Veränderungen im Medienkonsum auseinandersetzen, finden Platz in der Ausstellung. In der dem Stadtmuseum benachbarten Galerie Menne werden im Sommer 2024 auch die anderen Semesterarbeiten im Rahmen einer eigenen, assoziierten Ausstellung der Studierenden zu sehen sein.

So bietet dieses sehr alltagsnahe Projekt viele Anknüpfungspunkte nicht nur, aber auch für Zeitzeug*innen. Ich danke im Namen des Museums allen, die die Ausstellung und das Buch ermöglicht haben, sehr herzlich.

# Einleitung

Die Sicht auf die 1980er Jahre ist heute überformt durch einen Retrotrend, der sich auf das Schrille und Skurrile der Mode, der Musik oder der sonstigen Warenwelt dieser Dekade fokussiert: Schulterpolster und »Vokuhila«-Frisuren, Aerobic oder Neue Deutsche Welle. Zugleich geht unser nostalgischer Blick auf die Anfänge digitaler Techniken im Alltagsleben, die mit *Commodore 64*, *Atari*, *Pacman* und *Super Mario* in bundesdeutschen Wohn- und Kinderzimmer Einzug hielten. Mit dem zeitlichen Abstand von vierzig Jahren entwickeln sich immer mehr stereotype Vorstellungen und Klischees von den 1980er Jahren als einer Zeit voll Spaß und bunter Partys.

Von der zeitgeschichtlichen Forschung dagegen wird die Dekade oft als eine Epoche der Krisen, Irritationen und Risiken beschrieben.[1] Es war ein »pulsierendes Jahrzehnt«[2] voller Widersprüchlichkeit[3], Unübersichtlichkeit und Orientierungslosigkeit. Dabei entwickelte sich eine als »postmodern« bezeichnete Gesellschaft, die geprägt war durch starke Individualisierungstrends. Kultur und Lebensstile zeigten sich bizarr, bunt und in jeder Hinsicht extrovertiert. Auf der Suche nach neuen Identitäten kam es zu Grenzüberschreitungen und einer generellen Öffnung weit über die einengende bipolare Denkweise in den gesellschaftlichen Lagern der 1970er Jahre hinaus. Die Folge war eine Diversifizierung der soziokulturellen Gruppierungen besonders unter jungen Leuten: Yuppies, Popper, Ökos, Punks definierten sich durch ihre eigene Mode und Musik. Die 1980er Jahre wurden auch zur »kreativsten Dekade des 20. Jahrhundert«[4] erklärt und als »Schlüsselepoche bedeutender Entwicklungen moderner Zivilisation«[5] bezeichnet – gemeint ist damit auch der von viel Optimismus begleitete Aufbruch ins Informations- und Medienzeitalter. Der Historiker Werner Faulstich fasst zusammen: »Wenn es so etwas wie eine allgemeine Formel zum übergreifenden Verständnis [der 1980er Jahre] gibt, so wäre vielleicht genau dies das wohl hervorstechendste Merkmal: die gebrochene Fixierung auf das eigene Ich – im Wirtschaftsleben, in der Politik, im Konsumalltag von jedermann.«[6]

*Der Spiegel* widmete 1986 eine Titelgeschichte dem neuen Phänomen des Luxuskonsums, ausgelöst durch den wirtschaftlichen Aufschwung ab Mitte der Dekade. Er kam nur den oberen Gesellschaftsschichten zugute, für die der Kauf teurer Uhren, Autos oder Reisen auch ihrer sozialen Distinktion diente.

Zeitschrift *Der Spiegel*, Titelblatt 48/1986

Der von Faulstich angesprochene Konsumalltag und die zugehörigen Warenwelten sollen in diesem Buch im Mittelpunkt stehen, denn die 1980er Jahre waren trotz wirtschaftlicher Krisen eine sehr konsumfreudige Zeit, insbesondere wenn man die zweite Hälfte der Dekade betrachtet. Die Konsumgeschichte kann als ein Schlüssel zum Verständnis des Jahrzehnts dienen und bietet die Möglichkeit einer differenzierten Betrachtung.

Hatte in den 1970er Jahren vielfach ein Misstrauen gegenüber dem profitorientierten Warenhandel und seinem »Konsumterror« bestanden, so war diese Skepsis – nicht zuletzt durch versierte Marketingmethoden – im darauffolgenden Jahrzehnt aufgebrochen und einer neuen Unbefangenheit und Neugier des Publikums gegenüber den bunten Warenwelten gewichen. »Die Erlebnis- und Multioptionsgesellschaft der achtziger Jahre, gekennzeichnet durch eine Vielzahl von Lebensentwürfen und Orientierungsmustern, führte zur fortschreitenden Diversifikation der Konsumbedürfnisse«[7] – seien es nun materielle oder immaterielle Produkte wie Musik, Film oder auch touristische Erlebnisangebote. Dabei ging man davon aus, dass der »neue Konsument«[8] in »der ›postmodernen Konsumgesellschaft‹ seine Individualität aktiv mithilfe der symbolischen und kommunikativen Dimension von Konsumgütern«[9] entwarf und sie bewusst zur Selbstverwirklichung einsetzte. Die Vielfalt der Lebensstile war verbunden mit einer Vielfalt der Konsumstile. Der Konsum als soziales und kulturelles Handlungsmuster bekam im Laufe der 1980er Jahre eine neue Dimension, das Einkaufen wurde immer mehr als Freizeitbeschäftigung und weniger als Alltagspflicht empfunden. Sogar von einer neuen »Konsumfreiheit« war die Rede, und die Wochenzeitschrift *Der Spiegel* titelte 1986: »Die Deutschen im Kaufrausch«.[10] Der Konsum wurde allerdings eingeschränkt durch eine wachsende soziale Ungleichheit als Folge einer neoliberalen Wirtschaftspolitik. Gleichzeitig entwickelten sich die Warenwelten einschließlich ihrer wirkstarken Werbung zunehmend zu medial inszenierten Kunst- und Erlebniswelten, die die urbanen Realitäten der Gesellschaft ebenso wie die der einzelnen Individuen ergänzten und erweiterten. Nicht zuletzt seine fließenden Übergänge zu Kunst und Medien machen den Konsum zu einem starken Indikator zeitgeistiger Strömungen der 1980er Jahre. Das wachsende Konsumangebot wurde genutzt als Mittel und Ausdruck von Innovation, Optimismus, Kreativität und Individualität. Die neue Konsumfreude übertünchte jedoch zugleich die Ängste eines krisenhaften Jahrzehnts, in dem Umweltzerstörung, atomare Bedrohung und staatliche Überwachung, Aids und Drogenmissbrauch oder die Globalisierungsentwicklungen die Menschen verunsicherten.

Diese Thesen zur Bedeutung des Konsums in den 1980er Jahren werden in der Ausstellung »Kaufrausch« des Kieler Stadt- und Schifffahrtsmuseums und in dieser sie begleitenden Publikation mithilfe zahlreicher Exponate aus der eigenen Sammlung veranschaulicht, hinterfragt oder untermauert: Die Konsumwaren, ihr Design und die zugehörige Werbeinszenierungen der verschiedenen Branchen, etwa Mode, Wohnkultur, Technik, Freizeit und Unterhaltung oder Ernährung werden vorgestellt und in ihren spezifischen kultur-, zeit- und wirtschaftsgeschichtlichen Kontext gesetzt. Der im allgemeinen Sprachgebrauch schwammige Begriff des Konsums wird hierbei aufgefasst als das wirtschaftliche und soziale, aber vor allem mentale und kulturelle Handlungsfeld rund um das Angebot, den Erwerb und den Gebrauch kommerzieller Waren. Dabei stehen sich die gewerblichen Anbieter und die private Kundschaft als Protagonisten gegenüber und interagieren miteinander.

Am Ende der Ausstellung wie des Buches steht ein exemplarischer Blick in die lokale Einzelhandelsgeschichte der »Einkaufsstadt Kiel«. Er verdeutlicht, wie sich die Konsumentwicklung und das veränderte Einkaufsverhalten in der kommunalen Wirtschaftsentwicklung und der Stadtgestaltung niederschlugen, beispielsweise bei Planung und Realisierung der neuen Shoppingmall *Sophienhof*. Als Erlebniswelt mit vielfältigen Einzelhandelsgeschäften, Gastronomie und Kulturangeboten von überregionaler Ausstrahlung geplant, feierte der Konsumtempel bereits kurz nach seiner Eröffnung 1988 große Erfolge.

# Der Konsum und seine Parameter

## Der wirtschaftsgeschichtliche Rahmen: Krisen, Aufschwung und Globalisierungstrends

Konsumgeschichte hat zwei wirtschaftshistorische Perspektiven: die der Produktions- und Handelsunternehmen auf der einen und die der Konsumierenden auf der anderen Seite, jeweils eingebettet in ihr ökonomisches beziehungsweise soziales Umfeld. Für die 1980er Jahre sind die Entwicklungslinien für beide Seiten nicht an die Datumsgrenze der Dekade gebunden, sondern setzen bei den Krisen der 1970er Jahre ein, als neben weltweiten finanzpolitischen Unsicherheiten der sogenannte Ölpreisschock den langjährigen Nachkriegsboom beendet hatte. Nach einer langen Phase wachsenden Wohlstands stiegen nun erstmals Inflation, Arbeitslosigkeit und Staatsverschuldung, gepaart mit einer Investitionsschwäche der Wirtschaft. Es folgten Konjunktureinbrüche und weitergehende pessimistische Prognosen in allen Ländern der westlichen Welt. So titelte *Der Spiegel* im September 1980: »Die fetten Jahre sind vorbei. Energiekosten, gesättigte Märkte und Mangel an neuen Produkten bremsen das Wachstum. Selten war der Fortschrittsglaube der kapitalistischen Menschheit so in Frage gestellt wie zu Beginn der Achtziger: Das Mineralöl ist teuer und knapp geworden, auf vielen Märkten zeigen sich Sättigungserscheinungen.«[11] Die Wirtschaftspolitik versuchte international mit neoliberalen Konzepten gegenzusteuern, allen voran Margret Thatcher – von 1979 bis 1990 Premierministerin von Großbritannien, das von der Krise besonders hart getroffen war[12] – und Ronald Reagan, Präsident der Vereinigten Staaten (1981 bis 1989). Ihrem Vorbild folgend, legte Wirtschaftsminister Otto Graf Lambsdorff (FDP) 1982 für die Bundesrepublik Deutschland sein »Konzept für eine Politik zur Überwindung der Wachstumsschwäche und zur Bekämpfung der Arbeitslosigkeit« vor. Sein Ziel war es, durch Deregulierung der Wirtschaft und Entlastung der Unternehmen den Haushalt zu konsolidieren, Anreize zu arbeitsplatzfördernden Investitionen zu schaffen und die steigenden Sozialstaatskosten einzudämmen. Nicht zuletzt an der Auseinandersetzung über dieses Wirtschaftskonzept zerbrach die sozialliberale Regierung der Bundesrepublik, und der Christdemokrat Helmut Kohl löste den Sozialdemokraten Helmut Schmidt als Bundeskanzler ab. In seiner Regierungserklärung 1982 trug Kohl die Kernpunkte seiner Politik vor: weniger Staat, mehr Markt, »weg von kollektiven Lasten, hin zur persönlichen Leistung«.[13] Mehr Eigeninitiative und mehr Wettbewerb sollten ermöglicht werden, Liberalisierung, Deregulierung und Privatisierung prägten von nun an die Entwicklung. Mit dem Versprechen »Leistung muss sich wieder lohnen!« wollte Helmut Kohl 1982 auch eine »geistig-moralische Wende« in der Gesellschaft der Bundesrepublik einläuten. Er zeigte damit durchaus Gespür für den zeitgeistigen Trend zunehmender Individualisierung und mentaler Erfolgsorientiertheit der Menschen.

Der ausgeglichene Staatshaushalt sollte vor allem durch einschneidende Sparmaßnahmen im Sozialbereich erreicht werden, beispielsweise durch Kürzungen beim Kindergeld oder der Renten- und Arbeitslosenversicherung, flankiert durch steuerpolitische Initiativen wie die Erhöhung der Mehrwertsteuer. Die Belastungen für Unternehmen wurden gesenkt, um deren Investitionsbereitschaft zu stärken. Auch sehr moderate Lohnabschlüsse kamen den Unternehmen zugute, die dennoch ihre Investitionstätigkeit kaum steigerten. Stattdessen kam es zu Rationalisierungen in den Betrieben durch eine Welle von Unternehmensfusionen im In- und Ausland. Dies betraf den Investitionsgüterbereich ebenso wie die Konsumgüter und den Handel, wo eine enorme Konzentrationstendenz auch auf internationaler Ebene zu verzeichnen war. Der wirtschaftliche Aufschwung, der dann ab 1983 tatsächlich auch in der Bundesrepublik, etwa durch steigende Unternehmensgewinne, spürbar wurde, war weitgehend auf die sich verbessernden internationale Rahmendaten zurückzuführen. Dazu zählen sinkende Energiepreise, Lockerungen auf den internationalen Finanzmärkten und eine expandierende Weltwirtschaft. In der sich erweiternden Europäischen Gemeinschaft entstand ein neuer Wachstumsmarkt, und in der bundesdeutschen Wirtschaft zeichneten sich vielfältige strukturelle Verbesserungen ab. Das Sozialprodukt stieg, und die Inflationsrate und damit tendenziell auch die Verbraucherpreise gingen zurück.

Ein Indiz dieser Globalisierung war die immens steigende Konsumgüterproduktion international agierender Konzerne. Auch etliche ehedem regional aufgestellte Betriebe in der Bundesrepublik expandierten in den 1980er Jahren in kurzer Zeit zu börsennotierten Unternehmensketten mit preiswerter Warenfertigung in Südeuropa oder Asien und einem lukrativen Vertrieb ihrer Eigensortimente in den hiesigen Metropolen. Diese Betriebsstruktur ermöglichte riesige Gewinnspannen und große Wachstumsraten, und unter der Voraussetzung eines positiven Konsumklimas konnte der Absatz beispielsweise durch Sortimentsdiversifizierung und schnelle Kollektionswechsel immer mehr gesteigert werden.

Die Arbeitslosigkeit in der Bundesrepublik ließ sich jedoch trotz des Aufschwungs nicht senken und stieg weiterhin an, bis sie bis gegen Ende der

1980er Jahre bei etwa 9 % stagnierte. Der Wandel von der Industrie- zur Dienstleistungsgesellschaft hatte zu strukturellen Veränderungen auf dem Arbeitsmarkt geführt: Vollbeschäftigung war nicht mehr selbstverständliches Nebenprodukt einer wachsenden Wirtschaft, stattdessen kam es zu einer Trennung von Wachstums- und Beschäftigungseffekten.[14] Von Arbeitslosigkeit betroffen waren vor allem weniger qualifizierte Kräfte und sogenannte Problemgruppen wie Jugendliche, ältere Menschen, Frauen oder ausländische Arbeitskräfte. Deren individuelle Arbeitslosigkeit dauerte zudem tendenziell immer länger; das Phänomen der Langzeitarbeitslosigkeit entstand. Gleichzeitig verzeichneten die sich neu entwickelnden Technologiebranchen einen Fachkräftemangel. Der tertiäre Sektor – Handel, Verkehr, Dienstleistungen – stieg gegenüber dem produzierenden Gewerbe stark an, auch die Zahl der Angestellten und Beamten stieg, während die der Arbeiter kontinuierlich sank.[15] Die wirtschaftspolitischen Entwicklungen führten zu einer Verschiebung in der Einkommensstruktur und zu einem stärkeren sozialen Gefälle in der Bundesrepublik; man sprach deshalb von der »Zwei-Drittel-Gesellschaft«. Dieses Schlagwort beschrieb eine Entwicklung der postmodernen Gesellschaft, bei der der Anteil an Langzeitarbeitslosen und dauerhaft Unterbeschäftigten trotz rechnerischem Gesamtwohlstandes und Wachstums der Volkswirtschaft zunahm.

Das obere Zweidrittel der Gesellschaft war von da an verantwortlich für die positive Entwicklung des privaten Konsums, der nun seinerseits wieder zu einem starken impulsgebenden Wirtschaftsfaktor wurde. Im Monatsbericht der Bundesregierung für Januar 1988 hieß es dazu: »Zu einem deutlichen Anstieg kam es bei den Umsätzen des Einzelhandels. Von der Konsumtätigkeit der privaten Haushalte dürften auch in Zukunft die stärksten Impulse für die gesamtwirtschaftliche Entwicklung ausgehen, nicht zuletzt weil die Verbraucher seit Beginn des Jahres von beachtlichen Steuersenkungen profitieren. Die jüngste Verbesserung des Konsumklima-Index ist ein Hinweis darauf, daß die Aufwärtstendenz der Verbrauchsnachfrage andauern wird.«[16]

Somit kann die Konsumgeschichte der 1980er Jahre in zwei Phasen geteilt werden: die Phase der Rezession, in der der private Verbrauch real zurückging und die Phase des Aufschwungs ab 1983, in der wieder Zuwächse verzeichnet wurden. Auch die Zusammensetzung des privaten Verbrauchs veränderte sich – und zwar abhängig von sozialen und ökonomischen Situation der jeweiligen Haushalte. Allgemein gesehen wuchs der Ausgabenanteil im privaten Budget für Wohlstands- und Freizeitgüter, für Wohnungsausstattungen – hier vor allem mit technischem Gerät – oder für Kraftfahrzeuge und Mobilität, während die Ausgaben für Nahrungsmittel und sonstige Grundversorgung anteilig abnahmen.

Ende der 1980er Jahre konnte auch wieder eine allgemein optimistische Stimmung ausgemacht werden. Die statistischen Erhebungen im Datenreport 1989 versuchten das subjektive Wohlbefinden der Menschen zu eruieren, indem sie sie nach Lebensbereichen fragten, die ihnen besonders wichtig seien: Der Vergleich zwischen 1980 und 1988 zeigt eine höhere Freizeitorientiertheit und mentale

Für die Erkennbarkeit der Waren im Selbstbedienungsregal und für die Kaufentscheidung war oft die mit Werbebildern und Markenlogos bedruckte Verpackung ausschlaggebend. Das galt auch für die kunststoffbeschichteten Getränkekartons, die *Tetra Briks*. Das schlichte Design der No-Name-Produkte signalisierte besondere Preiswürdigkeit.

*Tetra-Pak*-Getränkekartons für Milch und Fruchtsaftgetränke, 1982

Erfolgsorientiertheit. Insgesamt wurde gegen Ende der 1980er Jahre eine gestiegene Lebenszufriedenheit festgestellt, und die Prognose für die 1990er Jahre war noch höher geschraubt.[17]

## Der Einzelhandel: neue Vertriebsstrategien und große Shoppingcenter

Schauplatz des privaten Warenkonsums ist der Einzelhandel als Vermittler der Ware zwischen Produktionsfirmen beziehungsweise Großhandel und Konsumierenden. Auch für diesen Wirtschaftszweig zeigen sich während der 1980er Jahre zwei Phasen der Entwicklung: Nach schwachen Umsatzwerten Anfang der Dekade erholte sich der Einzelhandel insbesondere zwischen 1986 und 1991 mit starken Wachstumszahlen wieder. Generell befand er sich in den 1980er Jahren in einem langfristigen Wandlungsprozess in Bezug auf seine wachsenden Betriebsgrößen und zunehmend vertikale Strukturen sowie effektivere Formen des Warenvertriebs.

Die Entwicklung des Einzelhandels ging schon seit Längerem weg vom kleinen Ladengeschäft mit personalintensiver Verkaufsberatung hin zur Selbstbedienung, bei der die Kundschaft im Supermarkt die Ware selbst auswählte und dem Verkaufsregal entnahm. Dieser Rationalisierungsprozess begann in der Bundesrepublik bereits in den 1960er Jahren mit der Einrichtung von Lebensmittelsupermärkten. Mit ihren enormen Umsatzsteigerungen waren sie nicht nur aus Sicht des Handels sehr erfolgreich, sondern auch bei der Kundschaft beliebt, vermittelten sie doch ein neues, freieres Einkaufsgefühl. Für die Kaufentscheidung waren nun Verpackung und Werbung als Kommunikationsmedien ausschlaggebend. Das Verpackungsdesign bestimmte die Sichtbarkeit eines Produktes im SB-Regal, es hatte Signalwirkung und musste durch einen hohen Wiedererkennungswert und Bekanntheitsgrad im Bewusstsein der Kundschaft verankert sein. Die Produktions- und Handelsunternehmen investierten immens ins Marketing, um die Waren attraktiv zu inszenieren und das Markenimage zu verbessern. Zugleich wurde das Angebot diversifiziert und das Sortiment erweitert. Von jedem Produkt gab es nun verschiedene Varianten von konkurrierenden Herstellern oder vom gleichen Anbieter in unterschiedlichen Sorten oder Größen. Die Umstellung des Warenangebots erfolgte vor allem während der 1970er Jahre, und so hatte sich der Selbstbedienungsvertrieb während der 1980er Jahre weitgehend etabliert, wurde aber weiter optimiert. So wurde versucht, die Einkaufsatmosphäre zu verbessern, um weitere Kaufanreize zu schaffen: Einkaufen sollte Spaß machen und zum Erlebnis werden. Die Ladengestaltung und die Warenpräsentation wurden dabei als Schlüsselinstrumente der Erlebnisvermittlung erkannt.[18] Weitere Rationalisierungen erfolgten durch Technisierung des Vertriebs, etwa durch die Einführung elektronischer Kassensysteme zur schnelleren Bedienung der Kundschaft. So konnte der Umsatz des Einzelhandels in der Bundesrepublik von 1980 bis 1988 um 26,7 % ansteigen.[19]

Markenware und nachgeahmte Produkte: Der Weichspüler *Lenor* (*Procter & Gamble)* kam 1963 in der tropfenförmigen Eingriffflasche aus blauem Kunststoff auf den Markt und wurde schnell zum Inbegriff guter Wäschepflege. Mitte der 1980er Jahre gab es bereits zahlreiche Plagiate des Erfolgsproduktes, darunter auch No-Name-Produkte in der charakteristischen Flasche.

Verkaufsflaschen für Weichspüler verschiedener Marken, 1982

Neben den klassischen Supermärkten nahm auch die Zahl der Discountläden zu. Zwar waren erste Lebensmittel-Discounter in der Bundesrepublik schon in den 1960er (*Aldi*) und 1970er Jahren (*Lidl*) gegründet worden, doch konnten sie ihr Image seit Anfang der 1980er Jahre stark verbessern, und ihre Zielkundschaft war während der Krisenjahre breiter geworden. Auch im Non-Food-Bereich entstanden immer mehr Discountläden mit preiswertem Spezialsortiment, darunter auch kleine, einfach organisierte Filialgeschäfte, etwa Drogeriediscounter, die sich in den preisgünstigen Lagen peripherer Stadtteile oder auch in Kleinstädten ansiedelten.

Der Discount-Gedanke beruht auf Kosteneinsparungen bei der Lagerhaltung, Sortimentspflege und Warenpräsentation mit dem Ziel eines schnellen Umsatzes bei flachem Sortiment. Mit seiner sparsamen Ausstattung und der oft nüchternen Atmosphäre bot der Einkauf beim Discounter einen sehr geringen Erlebniswert, den die Kundschaft jedoch wegen der Preisersparnis gern in Kauf nahm. Geringe Verkaufspreise waren auch deswegen möglich, weil der Discounthandel auf das Angebot von Markenwaren verzichtete, die noch bis 1974 eine feste Preisbindung hatten. Stattdessen bot man No-Name-Produkte beziehungsweise sogenannte Weiße Waren an, die wegen des weitgehenden Verzichts auf Werbung wesentlich preisgünstiger als die Herstellermarken der Produzenten waren, sie hatten aber dennoch den Ruf guter Qualität. Auch Handelsunternehmen, die nicht zum Discoutbereich zählten, führten neben dem Standardsortiment bald eigene Handelsmarkenprodukte ein, die sich preislich von den Herstellermarken absetzten. Sie waren durch ein einheitliches schlichtes Verpackungsdesign – meist weiß mit farbiger Aufschrift und Logo – im Supermarktregal leicht zu finden. Sie entwickelten sich zu einer starken Konkurrenz der Herstellermarken, die ihrerseits mit Werbekampagnen auf ihren vermeintlichen Qualitätsvorsprung aufmerksam machten. Im letzten Drittel der 1980er Jahre, als der Luxuskonsum immer mehr zum Mittel sozialer Distinktion wurde, erfuhren dann die Markenprodukte mit ihrem Image der Hochwertigkeit wieder einen enormen Aufschwung.

Die Zahl der Unternehmen im Einzelhandel sank in der Bundesrepublik in den 1980er Jahren weiterhin durch die Geschäftsaufgabe vieler kleiner Läden, während die Größe der verbleibenden und der neugegründeten Betriebe stieg. Zwar machten die großen Handelsunternehmen zahlenmäßig nur einen geringen Anteil aus, sie waren aber besonders umsatzstark: Die Statistik von 1984/85 weist nur knapp 11 % der Handelsunternehmen in einer Größenordnung von mehr als 10 Beschäftigten aus, sie erwirtschaften jedoch 77 % des gesamten Umsatzes im Handel.[20]

Die großen wirtschaftsstarken Geschäfte zeigten sich zumeist auch besonders innovationsfreudig und bestimmten das Konsumgeschehen maßgeblich. Diese Entwicklung hin zur Betriebsvergrößerung ging einher mit einer enormen und bis heute anhaltenden Konzentration des Einzelhandels durch Großfusionen bei den Handelsunternehmen. Aus ehemals regional aufgestellten Geschäften oder Einkaufsgenossenschaften entwickelten sich riesige und oft international agierende privatwirtschaftliche Ketten und Einzelhandelsverbünde.

Die Marketingagentur *Young & Rubicon* legte 1984 eine Reihe von Plakaten auf, die verschiedene Konsumartikel – etwa den Instantkaffee *Nescafé Gold* – in ihrer Eigenschaft als Markenware promoteten. Sie verwiesen auf den vermeintlichen Qualitätsvorsprung der Herstellermarken gegenüber der wachsenden Konkurrenz der Handelsmarken und No-Name-Produkte.

Werbeplakat für *Nescafé*, Entwurf *Young & Rubicon*, 1984

Immer mehr große Verbrauchermärkte mit weit mehr als 1.000 Quadratmetern Verkaufsfläche entstanden zumeist an den Stadträndern, wo sie über große Parkplätze verfügten. Auf der Seite der Konsumierenden hatte dies den Vorteil, dass der Einkauf nun bequem mit dem Auto bewerkstelligt werden konnte, und das Vollsortiment der SB-Märkte erübrigte das Aufsuchen weiterer Geschäfte. Für viele wurde der wöchentliche Großeinkauf im SB-Markt zum Event für die ganze Familie. Die steigende Automobilität und die Entstehung großer Einkaufscenter an den Peripherien der Städte korrelierten miteinander. Das preiswerte Bauland »auf der grünen Wiese« ermöglichte auch die Entstehung sogenannter Einkaufsparks mit mehreren Fachmärkten unterschiedlicher Branchen. Die Baumärkte, Möbelhäuser oder Elektromärkte mit ihrem umfangreichen und eher preisgünstigen Spezialsortiment wurden zur starken, oft übermächtigen Konkurrenz der etablierten Fachgeschäfte in den Innenstädten.

Während die Supermärkte und die relativ preiswerten Verbrauchermärkte an den Stadträndern noch immer vorwiegend den alltäglichen Bedarf deckten oder dem Versorgungskonsum dienten, lockten die traditionell in den Innenstädten angesiedelten Fachgeschäfte und Kaufhäuser weiterhin zum Einkaufsbummel, wenn es um Mode und besondere Waren ging. Auch hier hatte es Modernisierungen im Einzelhandel und Anpassungen an neue Kundenwünsche und den veränderten Konsumstil gegeben, etwa den gegen Ende der Dekade steigenden Wunsch nach höherwertigen Angeboten und einer anregenden Erlebnisatmosphäre. Im Gegensatz zum Versorgungseinkauf, der als Notwendigkeit empfunden wurde, galt das freizeitmäßige Shopping als »das schiere Vergnügen, das Bummeln und Flanieren, Anschauen, Betasten, Anprobieren, Ausprobieren, ohne jede Not purer Zeitvertreib, Luxus in Reinkultur«, so die überspitzende Feststellung des Soziologen Kai-Uwe Hellmann.[21]

Die traditionellen Einkaufsstraßen der Stadtzentren gehen in ihrer Einzelhandelsstruktur zurück auf die 1920er Jahren oder sogar auf die Boomjahre vor dem Ersten Weltkrieg, als sich Kaufhäuser und andere große Geschäftshäuser etablierten und mit ihren Schaufenstern und Fassadenwerbung zum Inbegriff moderner Urbanität wurden. Nach massiver Kriegszerstörung in den 1950er Jahren wieder aufgebaut, waren sie in den 1980er Jahren vielfach als Fußgängerbereiche angelegt, in denen sich die Geschäfte aneinander reihten. Wichtigste Anlaufpunkte für die Kundschaft bildeten die Kaufhäuser mit ihrem Warenvollsortiment, daneben gab es einen Branchenmix aus speziellen Fachgeschäften, vor allem der Modebranche, und zunehmend auch der boomenden Elektro- beziehungsweise Elektronikbranche bei gleichzeitig sinkendem Angebot für den täglichen Gebrauch, etwa durch den Lebensmittelhandel. In der Bekleidungsbranche überwogen zumeist die großen Handelsketten, aber auch regionale inhabergeführte Geschäfte waren noch zu finden. Während der 1980er Jahre stieg der Anteil der Modegeschäfte international agierender Ketten, die ein exklusives Sortiment an Eigenmarken führten. Vor allem Jeansmärkte zahlreicher Labels lockten das junge Publikum. Bald hatten sich in allen deutschen Innenstädten Filialen der immer gleichen Ketten angesiedelt. Dazu vergrößerte sich das Gastronomieangebot durch die neuen Restaurant- oder Fastfood-Ketten.

Nicht allein die wirtschaftliche Konkurrenz durch die großen Einkaufszentren an der Peripherie machte es notwendig, die Innenstädte für das Publikum attraktiver zu gestalten. Neue Formen der Einzelhandelsarchitektur sollten hier die Einkaufsatmosphäre verbessern und den Erlebnischarakter stärken. Ab den 1980er Jahren favorisierte man die Idee innenstädtischer Einkaufspassagen, die sogenannten Shoppingmalls,[22] die baulich teilweise in die bestehende Altstadtarchitektur eingepasst, teilweise komplett neu errichtet wurden. Unter geschäftsführender Leitung eines Centermanagements wurden hier verschiedene Ladengeschäfte, Gastronomie und Dienstleistungsbetriebe in einem für die Kundschaft attraktiven Branchenmix zusammengefasst. Gern orientierte sich die Planung dabei an historische Vorbilder, etwa die Tradition der noblen Passagen des 19. Jahrhunderts in Mailand, mit denen die Kundschaft ein sehr exklusives Einkaufsvergnügen assoziierte. Ende der 1980er Jahre entstanden damit in den bundesdeutschen Großstädten neue Geschäftswelten vor allem für den gehobenen Konsum, gerne dort, wo sich in räumlicher Nähe zueinander die Ketten der Luxusmarken für Mode, Schmuck, Kosmetik oder Taschen etablierten. So entwickelte sich auch ein soziales Gefälle zwischen den schicken Flaniermeilen der Innenstädte und den Einkaufszentren an der Peripherie.

## Die Werbung: Imaginationen der Warenwelten

Einen wesentlichen Anteil am Konsumgeschehen hat die Werbung, denn mit ihren bunten Bilderwelten schafft sie Aufmerksamkeit für die Waren und steigert den Absatz. In den 1980er Jahren war Produktwerbung jedoch nicht nur ein wichtiges Marketinginstrument, auch ihre Bedeutung in Gesellschaft und Kultur stieg. Sie war allgegenwärtig im öffentlichen Raum, in den Medien und in vielen privaten Lebensbereichen und machte so auch den Konsumgedanken omnipräsent.

Der wachsende Lebensstandard und die Übersättigung mit materiellen Gütern führten dazu, dass der Warenkonsum immer seltener einer existenzsichernden Versorgung diente. Stattdessen wurde eine emotionale Bedürfnisdeckung zum Hauptmotiv für die individuelle Kaufentscheidung der Konsumierenden und somit zum Motor eines weiter steigenden Konsums. Die sozialpsychologische Forschung verweist hier auf einen ganzen Strauß von Sehnsüchten und Wünschen, die durch den Kauf von entsprechenden Produkten gedeckt oder kompensiert werden können: das Status- und Prestigestreben (Geltungskonsum), das Streben nach Hedonismus und Stimulation (Genusskonsum), das Verlangen nach Unterhaltung (Erlebniskonsum), die Gier nach dem immer Neuen oder das Bedürfnis nach Selbstoptimierung und nach individueller Identitätsbildung.[23] Und die Werbung suggerierte, dass der Warenkonsum ebensolche Sehnsüchte erfüllen könnte. Anstelle eines Gebrauchswertversprechens koppelte sie das Verkaufsprodukt oder

Für *Cherry Cola*, ein alkoholfreies Partygetränk mit Kirschgeschmack von *Coca Cola*, brachte das Unternehmen 1988 eine Sonderedition von Getränkedosen in sechs verschiedenen Motiven heraus und legte dazu passende Werbeplakate auf. Das Grafikdesign der schrillen Lifestylewerbung unter dem Slogan »ganz schön crazy« arbeitete mit Anleihen bei Pop Art und Memphis Style.

Werbeplakat für *Cherry Cola*, 1988

seine Aura mit einem Distinktions- oder Erlebniswert; sie schuf eine expressive Symbolik der Waren und Marken und kommunizierte diese zielgruppengenau. Die Entwicklung ging einher mit einem schwindenden Interesse der Verbraucherschaft an belastbaren Produktinformationen: Die Allensbacher Werbeträgeranalyse stellte zwischen 1979 und 1990 eine stark rückläufige Nachfrage nach Warentestinformationen fest.[24] Statt einer abgewogenen rationalen Kaufentscheidung nahm sich die potentielle Kundschaft nun lieber die Freiheit zum spontanen, emotionsgeleiteten Konsumerlebnis, wie die Werbung es versprach.

Der sogenannte Erlebniskonsum[25], der in den 1980er Jahren zunehmend an Bedeutung gewann, bezeichnet nicht nur den Konsum von Freizeit- und Tourismusangeboten, sondern den Konsum jedweder auf das Erleben einer immateriellen Bedürfnisbefriedigung ausgerichteten Produkte. Verkauft werden sollte ein Lebensgefühl oder ein -stil, der an das Produkt oder die Marke gebunden war. Lifestyle-Settings bestimmten zwar schon in den 1970er Jahren die Werbebilder, nun aber wurden die Warenwelten – nicht zuletzt dank neuer Medientechnologie in der Werbung – zu imaginären Sphären stilisiert. Die Mentalität postmoderner Individualisten, die nach dem Lustprinzip einkaufen wollten, forderte den Markt ebenso wie die Kreativität der Werbewirtschaft heraus. Und die Werbung produzierte entsprechend vielfältige mediale Kunstwelten, in denen Produkte und Konsumierende gleichermaßen zelebriert wurden.

Um ein erfolgreiches Produkt- oder Markenimage zu kreieren, mussten die Werbetreibenden jedoch zunächst die vielfältigen Konsumtrends und Wünsche der Kundschaft aufspüren. War man noch in der Dekade zuvor davon ausgegangen, dass die Werbung die Kundenwünsche wecken sollte, so kam es nun zu einem Paradigmenwechsel: Moden, Trends und die Bedürfnisse verschiedenster gesellschaftlicher Milieus oder Lifestylegruppen wurden mithilfe von Marktforschungsmethoden ermittelt und die spezifischen Produkte gezielt in den jeweiligen Marktsegmenten platziert.[26] Den größten Erfolg hatten Markenpolitik und Werbung, wenn die promoteten Produktmarken innerhalb ihrer Zielgruppen einen identitätsbildenden Charakter bekamen und ein milieuspezifischer Markenfetischismus entstand.[27]

Voraussetzung für ihren Erfolg war auch die neue Offenheit des Publikums gegenüber der kommerziellen Werbung, deren manipulativer Charakter noch in den 1970er Jahren stark angeprangert worden war. Doch vor allem junge Menschen zeigten immer weniger Schwellenängste gegenüber Konsum und Kommerz und liebten die Werbespots in Kino und Fernsehen.[28] Die konsumbereite Kundschaft wollte immer aufs Neue überrascht werden: Sie liebte schrille und unkonventionelle, ja sogar verstörende Triggerwerbung, in denen das angebotene Produkt selbst oft gar nicht mehr visualisiert wurde. Die Darstellungen waren von Coolness geprägt, die Figuren oft überzeichnet, ihr Umfeld von technisch-cleaner Künstlichkeit, die Farben stark und klar. Als künstlerische Mittel wählte die Werbung ungewohnte Fragmentierungen, Szenenwechsel, Kombination von Diversem, surrealistische Absurditäten und andere visuelle Irritationen.

Sex sells! Oft setzte die Werbung auf einen unverhohlen frauenfeindlichen Sexismus, insbesondere bei technischen Produkten, die auf eine überwiegend männliche Käuferschicht abzielten. So präsentierte ein nacktes, in ein Fantasy-Ambiente montiertes Pin-Up-Girl den Computer *Commodore PET 2001*.

Werbeplakat für Heimcomputer *Commodore*, um 1980

Die Werbung der italienischen Textilkette *Benetton* zeigte nicht Jeans und Pullover, sondern politisch aufgeladene, manchmal schockierende Bildarrangements des Fotografen Oliviero Toscani, wie die farbigen Kondome, die auf die tödliche AIDS-Pandemie verweisen. Sie kommunizierten die Firmenphilosophie »United Colors of *Benetton*« als abstraktes und hochemotionales Markenimage.

Werbeplakat von *Benetton*, Foto Oliviero Toscani, um 1990

Zitate aus der klassischen Kunstgeschichte waren ebenso erlaubt wie Anleihen aus Comicstrip und Popart-Elementen oder der Zugriff auf Positionen des Dekonstruktivismus oder des Memphis Style, was Kritiker wie der Kulturphilosoph Wolfgang Welsch als »postmoderne Beliebigkeit« bemängelten.[29] Dennoch wurde die Werbung seit den 1980er Jahren zunehmend zu einem Kulturfaktor, denn ihre Bilder und Inhalte drangen in alle gesellschaftlichen Bereiche ein. Der werbeästhetische Stil beeinflusste andere visuelle Produktionen, und die Unterschiede zwischen Medienkultur und Werbung wurden nivelliert. Jenseits ihrer kommerziellen Funktion entfaltete sich die Werbung zu einem Innovations- und Kreativfeld, wo inhaltlich, gestalterisch und medientechnisch immer neue Grenzen ausgelotet wurden.

Inhaltlich bediente sich die Werbung der 1980er Jahre branchenübergreifend aktueller Themen und Bilder, in die die Produkte eingebettet wurden, und beeinflusste diese wiederum nachhaltig: Wichtigstes Motiv waren der Körperkult und die neue Körperlichkeit, die in der Dekade zelebriert wurden. Hatte die Konsumwerbung der 1970er Jahre noch die natürliche Jugendlichkeit in den Mittelpunkt gestellt, so konnten nun alle Altersgruppen angesprochen werden, die sich stylen und ihren Körper optimieren wollten. Schönheit und Sportlichkeit waren wichtige gesellschaftliche Leitmotive, die durch einen entsprechenden Produkt-, Dienstleistungs- und Freizeitkonsum gestärkt werden sollten. Das neue Schönheitsideal setzte nicht mehr auf Natürlichkeit, sondern auf eine künstlich formbare Körperästhetik, die in der Werbung mithilfe der neuen medientechnischen Mittel des Grafikdesigns kreiert wurde: Idealisierungen wurden auf die Spitze getrieben und die Physiognomie gern überzeichnet: Menschen mit superschlanken Körpern, unnatürlich langen Beinen, starken Muskeln oder idealisierten Gesichtszügen bevölkerten die Werbespots und Plakatwände. Dabei entstand auch ein spezifisches Frauenbild, das zwischen Sexismus und Emanzipiertheit changierte, während sich das Bild der glücklichen Hausfrau, das in den 1960er und 70er Jahren propagiert wurde, nun kaum mehr finden ließ. Die Werbung scheute sich nicht, den weiblichen Körper ungeniert als Sexsymbol einzusetzen. Das Prinzip »Sex sells« wirkte am besten bei Produkten, die auf eine männliche Käuferschicht ausgerichtet waren, seien es Autos oder Computertechnik. Gleichzeitig wollte die Werbung auch die selbstbewusste und zunehmend kaufkräftige weibliche Kundschaft bedienen, indem sie Erfolg verkörpernde Identifikationsfiguren schuf. Sportlichkeit war für alle Geschlechter das Symbol für Attraktivität, Leistungsbereitschaft und selbsterarbeiteten Erfolg. Wichtiges Leitmotiv und Thema der Konsumwerbung der 1980er Jahre war das aufkommende Luxusstreben mit seiner spezifischen Ästhetik des Glanzes und Glamours. Hierbei ging es nicht nur um den Verkauf von Luxuswaren wie teuren Autos oder Uhren, sondern um Lifestylesettings und Werbebilder, die sich ebendieser Ästhetik der Extravaganz bedienten: etwa Werbung für ein einfaches Duschgel, das im edlen Ambiente eines luxuriösen Bades gezeigt wird. Die Zielgruppen des Luxuskonsums oder seiner Derivate wuchsen vor allem gegen Ende der Dekade,

Sportler*innen wie die Tennisspielerin Steffi Graf – 1988 Siegerin bei allen Grand-Slam-Turnieren sowie den Olympischen Spielen – bewarben Produkte aller Art. Sie gaben den von ihnen promoteten Produkten das Image von Leistung, Sieg und Erfolg, seien es nun Autos, Lebensmittel oder Kosmetika.

Werbeplakat für *Opel* mit Tennisspielerin Steffi Graf, um 1988 während sich die echte Avantgarde bereits einem neuen Minimalismus zuwandte.[30] Auch Leichtigkeit und Lebensfreude waren wichtige Markencharaktere, die mittels Werbung kommuniziert wurden, und so überraschten die Spots oft mit Witz oder Selbstironie. Ebenso war es möglich, kritische soziale, politische oder zeitgeistige Themenkomplexe wie Umwelt- oder Drogenproblematik in der kommerziellen Werbung anzusprechen, denn selbst offensichtliche Widersprüchlichkeiten oder Kontroversen wurden vom Publikum goutiert. Ein herausragendes Beispiel dafür ist die preisgekrönte Kampagne der italienischen Textilkette *Benetton*, die ihre Jeans und Pullover mit politisch aufgeladenen Bildarrangements des Fotografen Oliviero Toscani promotete. Statt die Produkte zu zeigen, kommunizierten seine Werbefotos die Firmenphilosophie »United Colors of *Benetton*« als abstraktes und hochemotionales Markenimage.

Ende der 1980er Jahre waren Werbung und Konsum in der Gesellschaft und im öffentlichen Raum omnipräsent, die Zahl und Vielfalt der Werbemittel und Werbeträger waren vor allem im letzten Drittel der Dekade enorm angestiegen. Die Branche verzeichnete einen entsprechenden Aufschwung, der sich beispielsweise in den Werbeeinnahmen verschiedener Medien ablesen lässt: Insgesamt stiegen in der Medienbranche die Werbeeinnahmen jährlich um bis zu 14 % und lagen 1989 bei rund 37 Milliarden DM.[31] Unter den einzelnen Werbeträgern waren die Nettowerbeeinnahmen der Tageszeitungen am höchsten. Den stärksten Anstieg verzeichnete jedoch die Werbung im Fernsehen, das den zweiten Rang unter den erfolgreichsten Werbeträgern besetzte. So kam es zu einer immer enger werdenden Verknüpfung beziehungsweise wirtschaftlichen Abhängigkeit von Medien und Werbung. Es ist kein Zufall, dass die privaten Fernsehsender, die sich vorwiegend durch Werbung finanzierten, in den 1980er Jahren entstanden: *Sat.1* und *RTL* gingen 1984 auf Sendung, 1989 nahm *ProSieben* seinen Betrieb auf.

Mit zunehmender Quantität kam es innerhalb der lukrativen Fernsehwerbung auch zu Qualitätssteigerungen, und zwar sowohl in Bezug auf die handwerklich-technische Qualität als auch auf die Ästhetik der Gestaltung und Präsentation, bis sich ein eigenes modernes Genre des Werbespots herausbildete. Beeinflusst durch die Entwicklung von Musikvideos, spielten bei der Konzeption der emotionsorientierten Filmsequenzen nun Musik, Songs und andere auditive Anteile eine wichtige Rolle. Auch Computeranimationen und Trickgrafik ebenso wie schnelle Schnitte und unkonventionelle Bildmontagen wirkten sich stilbildend auf die Werbespots aus.[32]

Trotz des rasanten Wachstums im Bereich der Fernsehwerbung blieben die Printmedien in den 1980er Jahren noch die wichtigsten Werbeträger. Hierunter fallen an erster Stelle die zunehmend ganzseitigen Annoncen in illustrierten Zeitschriften mit hoher Auflage. Die Werbeanzeigen erreichten jedoch nur die spezifische Leserschaft des jeweiligen Blattes. Anders war es mit dem klassischen Plakat, das im öffentlichen Stadt- oder Straßenraum präsent war, und allen Passant*innen ins Auge fiel. Dabei verlor die Litfaßsäule als Plakatträger ihre Bedeutung; stattdessen installierten die Städtemedien an den verkehrsreichen Straßen Anschlagwände für querformatige Großflächenplakate im sogenannten 18/1-Bogen-Format, die auch vom Auto aus gut zu erkennen waren. Ab Mitte der 1980er Jahre wurden zudem hochmoderne verglaste und hinterleuchtete Stadtinformationsanlagen errichtet, später folgten dann digitale Displays oder Megaposter als Fassadenwerbung auf den Geschäftshäusern.

Die Werbekonzepte für die Produkte und Marken wurden immer komplexer, Zahl und Form der Werbeträger immer vielfältiger. Neu in den 1980er Jahren war die Masse an solchen Werbemitteln, die die Kundschaft selbst in ihrem persönlichen Alltag einband und präsentierte: Markenlogos auf ihrer Kleidung, bunt bedruckte Einkaufstüten, Aufkleber oder Spiel- und sonstige Merchandisingfiguren mit Werbeaufdruck. Sie waren das persönliche Bekenntnis zu einer angesagten Marke und zeigten, dass man sich mit ihr, ihrem Image oder dem durch sie gekennzeichneten Lifestyle identifizierte, auch wenn man ein teures Produkt vielleicht gar nicht kaufen konnte. Die kommunikative Konsumsymbolik, die der Ware zugeordnet wird – etwa die Signalwirkung eines Luxusproduktes –, haftete auch dem Werbeobjekt des angesagten Labels an. So dienten etwa hochwertige Werbe-Tragetaschen aus Lackpapier mit schickem Design von Mode- oder Kosmetikmarken als Surrogat der Produkte. Den höchsten Identifikationsgrad mit einem Label zeigte man, wenn man dessen Logoaufdruck sichtbar auf der Kleidung trug, etwa als Aufdruck auf T-Shirts und Jacken oder etwas dezenter als Aufnäher des Poloshirts. Ein überaus effektives Werbemittel dieser Art waren auch bunte Aufkleber aus selbstklebender Kunststofffolie, die vor allem bei Kindern und Jugendlichen gefragt waren und gesammelt wurden. Sie konnten als Bekenntnis zur eigenen Lieblingsmarke auf Möbel, Taschen oder andere Gebrauchsgegenstände geklebt werden. Besonders als Autoaufkleber waren sie in den 1980er Jahren sehr beliebt und machten die Marken und ihre Slogans auch im Straßenraum sichtbar. Die Sammelleidenschaft ihrer potentiellen Kundschaft machte sich die Werbewirtschaft auch mit der Herausgabe von verschiedenen Werbefiguren und Gimmicks zunutze, sie stammen zumeist aus der Welt von Zeichentrick, Comic und Fantasy und waren Mischformen aus Markenwerbung und Merchandisingobjekt.

# Die Branchen und Produkte der Konsumwirtschaft

## Die Ernährungsbranche: Convenience- und Lifestyle-Lebensmittel

Drei Entwicklungsstränge prägten die Ernährungsbranche und den Lebens- und Genussmittelkonsum der 1980er Jahre: zum Einen die zunehmende Industrialisierung und Globalisierung von Produktion und Handel, zum Zweiten der Wandel der Alltagskultur bei Essgewohnheiten und Küchenarbeit durch veränderte Geschlechterrollen und Familienstrukturen sowie zum Dritten der Trend, Lebensmittel als Lifestyle-Produkte wahrzunehmen. Zugleich sank in dieser Dekade bei den privaten Haushalten aller Bevölkerungsgruppen der Ausgabenanteil für die Ernährung.

Die industrielle Lebensmittelverarbeitung hatte bereits vor der Wende zum 20. Jahrhundert eingesetzt, als findige Unternehmer der Lebensmittelchemie und -technologie haltbare und preiswerte Fabrikwaren zur Zubereitung und Ergänzung von Lebensmittel auf den Markt brachten; Pioniere waren *Liebig* (Brühwürfel), *Dr. Oetker* (Backpulver), *Maggi* (Würze), *Knorr* (Erbswurst), die ihre Produkte als Markenwaren anboten. Der schon damals international organisierte Handel brachte Kolonialwaren aus Übersee zur weiteren Verarbeitung nach Europa: Kaffee, Tee, Kakao, Palmfett und vieles mehr. Die Lebensmittelunternehmen verbanden Rohstofferwerb, Verarbeitung und Abfüllerei sowie Vermarktung und Handel unter einer Produktmarke.

In den 1980er Jahren waren fast alle diese Verarbeitungsprodukte und viele der damals entstandenen Marken in oft nur leicht variierter Form noch auf dem Markt. Kennzeichnend für die moderne Lebensmittelindustrie war die zunehmende Marktkonzentration. Nur wenige große Player teilten den weltweiten Markt unter sich auf und brachten viele ehedem eigenständige Marken unter ihre Konzerndächer: Sie bestimmten den Lebensmittelkonsum in der Bundesrepublik,

Convenience-Lebensmittel bestachen durch eine schnelle Zubereitung. Manche Instant-Gerichte aus hochgradig denaturierten Trockensubstanzen wurden einfach mit heißem Wasser angerührt, so wie *Maggi*'s aggressiv beworbene »5-Minuten-Terrine«, die direkt aus dem Kunststoff-Verpackungsbecher gegessen wurde.

Verkaufsverpackungen von Instantlebensmitteln, 1982

denn nur sie waren stark genug, mit kostspieligen Marketingkampagnen die Aufmerksamkeit und somit die Kaufkraft der Kundschaft an sich zu binden. Während die Rohstoffe beziehungsweise Rohprodukte preiswert auf dem Weltmarkt eingekauft und in ebenfalls preiswerter Massenproduktion verarbeitet wurden, lagen hohe Kosten im Marketing, vor allem in der Markenwerbung; die größten Gewinnmargen aber wurden im Handel erzielt.

Während der 1980er Jahre ging der Trend in der Lebensmittelproduktion hin zur weiteren industriellen Aufbereitung unter Anwendung modernerer Technologien und Betriebsstrukturen.[33] In der Dekade, in der man sich der Kreativität und Künstlichkeit verschrieben hatte, setzte man auch im Ernährungsbereich auf synthetische oder denaturierte Produkte und Zusatzstoffe. Die Branche kreierte neue Geschmacksrichtungen, entwickelte bessere Konservierungsverfahren und bot Portionierungen und Verpackungen für küchenfertige oder verzehrfertige Lebensmittel an, die dem modernen Konsumverhalten entgegenkamen. Ohne Bedenken verwendete man Zusatzstoffe wie beispielsweise Glutamat in der industriellen Herstellung, um den Geschmacksverlust durch Kochen, Sterilisieren und Tiefgefrieren auszugleichen. Die Zusatzstoffe wurden so häufig und intensiv eingesetzt, dass sie Ende der 1980er Jahren in Verruf gerieten und sogar im Verdacht standen, gesundheitsschädlich zu sein. Selbst ehedem handwerklich hergestellte Waren wie Brot oder Wurst wurden immer öfter in Fabriken produziert, und Milchprodukte kamen als industriell verarbeitete (homogenisiert und pasteurisiert) und länger haltbare, portionsweise abgepackte Waren mit phantasievollen Geschmacksrichtungen in die Kühlregale der Geschäfte.

Unter den industriell hergestellten Lebensmittelkonserven verloren die Weißblechdosen mit importiertem Gemüse und Obst, mit Brühwürstchen, Kondensmilch und auch mit Fertiggerichten wie Ravioli oder Erbsensuppe an Bedeutung. Sie wurden abgelöst durch moderne Tiefkühlkost, die der Kundschaft eine höhere Geschmacksechtheit durch schonende lebensmitteltechnische Verarbeitung und mehr Appetitlichkeit versprach. Den Anfang hatten bereits in den 1960er Jahren die Fischstäbchen gemacht, aber die 1980er Jahre brachten immer neue tiefgekühlte Conveniencegerichte hervor, allen voran die TK-Pizza, die in der Folgezeit zum beliebtesten Familiengericht avancierte. Auch Gemüse kam aus der Tiefkühltruhe: Schockgefrostetes wie Rahmspinat oder feine Erbsen waren begehrt und als Frischware kaum noch zu bekommen. Außerdem gab es Kartoffeln in Form von Pommes frites, dazu tiefgekühltes Geflügelfleisch – ganze Grillhähnchen oder Teile (»Nuggets«) – sowie Fisch. Auf dem Tiefkühlmarkt hatten sich vor allem die großen Marken *Dr. Oetker*, *Langnese* (*Unilever*-Tochter), *Nestlé* (mit *Findus*) und *Iglo* (*Birdseye*) etabliert, die mit nahezu identischen Sortimenten die großen Verkaufs-Kühltruhen der Supermärkte füllten. Für die gängigsten Produkte kamen bald auch No-Name-Produkte oder Handelswaren der großen Lebensmittelketten auf. Für TK-Gerichte musste nicht nur der Supermarkt mit Truhen ausgestattet werden, auch in der heimischen Küche der Kundschaft brauchte es Gefriergeräte für die Bevorratung und ein Mikrowellengerät für die

Der Markt für süße Snacks wuchs; besonders Kinder wurden als neue Kundengruppe umworben. Zu den erfolgreichsten Produkten gehörte das *Kinder-Überraschungsei* von *Ferrero*, das als »Quengelware« an der Supermarktkasse stand. Es vereinigte Süßes mit Spannung, Spiel- und Sammelfreude in einen einzigen kleinen, preiswerten Artikel.

Aufkleber mit der Werbefigur Eiermann für das Schokoladenprodukt *Kinder-Überraschungsei* von *Ferrero*, Klebefolie, um 1985 schnelle Zubereitung. Hierfür waren die Gerichte portionsweise in Mehrkammer-Plastikschalen eingeschweißt, aus denen dann direkt gegessen wurde – das sparte den Abwasch, ließ aber die Abfallberge wachsen. Neben den Supermärkten übernahmen zunehmend Lieferdienste die bequeme Versorgung mit Tiefkühlkost. Das Geschäftsmodell gewährleistete, dass die Kühlkette nicht durch lange Einkaufswege unterbrochen wurde. Mit einem Umsatz von insgesamt rund 800 Millionen DM erreichten *Eismann*, *Bofrost* und Co. »1983 bereits ein Fünftel des Tiefkühl-Absatzes in Deutschland. Im laufenden Jahr könnte ihr Marktanteil schon auf 25 Prozent steigen«[34], so *Der Spiegel* im Sommer 1984.

Noch stärker industriell verarbeitete Convenience-Lebensmittel waren die zubereitungs- oder servierfertigen Instant-Gerichte aus hochgradig denaturierten Trockensubstanzen, die nur noch mit heißem Wasser angerührt werden mussten: Kartoffelgerichte (Püree, Knödel,) Süßspeisen (Puddingvarianten oder Zitronencreme), Tütensuppen (5-*Minuten-Terine*) aller Art oder Backmischungen, deren Zubereitung keiner hausfraulichen Kenntnisse mehr bedurfte. Vor allem lösliche Getränkepulver (*Nescafé, Nesquik* in unterschiedlichen Geschmacksrichtungen) waren beliebt. Verzehrfertige industrielle Lebensmittel, oft mit viel Zucker und geschmacksverstärkenden Zusatzstoffen versetzt, eroberten auch die Frühstückstische: Zubereitete Milchprodukte wie gesüßter Fruchtjoghurt, dazu Cornflakes, außerdem Knäckebrot oder Toast, Margarine und süße Brotaufstriche wie *Nutella* oder industriell veredelter Streichkäse kamen auf den Tisch und wurden generell als familien- und kinderfreundlich beworben. Auch flüssige Getränke gab es als fertig abgepackte und denaturierte Industriewaren, etwa süße Fruchtsaftgetränke unterschiedlichster Geschmacksvarianten, die in der neuen Verpackungsform *Tetra Pak* in den Verkauf kamen. Die hochformatigen Quader aus wasserdichtem, kunststoffbeschichtetem Karton, die 1963 von der schwedischen Firma *Tetra Pak* für den Getränkevertrieb im Selbstbedienungsbereich entwickelt wurden, hatten sich in den 1980er Jahren international als preiswerte, normierte und vor allem leichte Getränkeverpackungen durchgesetzt.

Es sind außerdem die geänderten Alltagsgewohnheiten, die den Weg zu Innovationen auf dem Ernährungssektor öffneten: Die Frauenerwerbsarbeit nahm zu, während gleichzeitig das hergebrachte Hausfrauenideal mit der hohen Wertschätzung von Küchenarbeit an Bedeutung verlor. Zudem änderten sich Familienstrukturen und Ernährungsgewohnheiten: »Kochen ist out: Bereits ein Drittel aller Bundesbürger ernähren sich von Tiefkühlkost, Snacks und Fast food«[35], so *Der Spiegel*. »Fünf Trends sind nach Ansicht von Ernährungsforschern verantwortlich für die Banalisierung der Sitten: Der Anteil der Ein- und Zwei-Personen-Haushalte liegt heute schon bei 60 Prozent; immer mehr Frauen sind berufstätig und stehen nicht mehr am Herd; das erhöhte Interesse an Freizeitaktivitäten; der zunehmende Anteil von älteren Menschen und steigende Realeinkommen, welche die auf Dauer teure Instant-Verpflegung ermöglichen. Sogenannte Convenience-Ernährer, für die Bequemlichkeit oberstes kulinarisches Gebot ist, kauften vergangenes Jahr in der Bundesrepublik

Auf der einen Seite boomte das Geschäft mit Süßigkeiten und Fastfood, auf der anderen wuchs das Angebot an kalorien- und fettreduzierten Produkten, die der Kundschaft einen gesunden, schlanken und sportlich-fitten Körper versprachen. Den Anfang machten Margarine, etwa der Marken *Du darfst*, *Lätta* oder *Becel*, und andere Brotaufstriche.

Werbeinserat für kalorienreduzierte Margarine *Lätta*, 1987

175.000 Tonnen Fertiggerichte ….«. Paradoxerweise waren es gerade die Conveniencefirmen, die mit Bildern vom traditionellen Familienessen und Küchenarbeit für ihre Fertigprodukte warben. *Maggi* schickte seine Kundinnen ins »Kochstudio«, wo sie die vermeintliche Raffinesse der Küche mit Instantgerichten kennenlernen konnten, und *Dr. Oetker* gab 1987 sein traditionsreiches *Schulkochbuch*[36] (Erstausgabe 1911) erneut heraus. Eines der beliebtesten Conveniencegerichte war das Nudel-Fertiggericht *Miracoli* von *Kraft* aus mehreren küchenfertigen Komponenten in einer Packung; es ließ sich schnell und ohne Kochkenntnisse zubereiten und galt als ideales Familiengericht.

Lebensmittel wurden zudem immer stärker als Lifestyleprodukte wahrgenommen, die die Konsumbedürfnisse nach Erlebnis, Genuss, und Prestige erfüllten. So etablierten die Lebensmittelfirmen abgepackte Snacks, von denen die Werbung suggerierte, dass junge unkonventionelle Menschen sie in fröhlicher Gemeinschaft konsumierten. Besonders typisch und vor allem als Kinowerbung gern gesehen waren die lässig-lasziven Werbespots für Eis am Stiel der Marke *Langnese* (»Like Ice in the Sunshine«, 1980). Verzehrfertige Snacks und Süßigkeiten stellten einen lukrativen Markt dar, der sich in immer mehr zuckerhaltige Konkurrenzprodukte ähnlicher Geschmacksrichtung, aber mit jeweils eigenem Markenimage ausdifferenzierte. Schokoriegel – lebensmittelrechtlich definiert als eine Süßigkeitsportion von etwa 40 g mit insgesamt über 50 % Zuckeranteil bestehend aus Schokolade, Keks und weicher Füllung – gab es bereits seit den 1920er Jahren. Marktführend war die Firma *Mars* (mit ihren Marken *Mars, Snickers, Bounty, Raider*), im Ranking gefolgt von den Firmen *Ferrero, Nestlé* und *Kraft Jacobs Suchard*. Schokoriegel wurden in den 1980er Jahren sehr erfolgreich als »Snack für zwischendurch« vermarktet, so auch die portioniert verpackte Schokowaffelschnitte *Knoppers* von der *August Storck KG*, die seit 1983 im Handel war und als »das Frühstückchen« »morgens halb zehn in Deutschland« beworben wurde. Es war vor allem die Werbung mit ihren Ohrwurm-Slogans, die zu einem besonderen Boom der Süßigkeiten führte. Vor allem Kinder wurden neue als Zielgruppe ausgemacht: Auch die *Ferrero*-Marke *Kinderschokolade* (seit 1968) gab 1981 einen Schokoriegel heraus: den *Kinder-Riegel* mit Milchcremefüllung. Den größten Erfolg feierte *Ferrero* aber mit dem *Kinder-Überraschungsei*, das in Deutschland seit 1974 als »Quengelware« neben der Supermarktkasse stand. Das Produkt war ein riesiger Marketing-Coup, denn es vereinigte den Wunsch nach Süßigkeit, nach Spielen, Basteln und Sammeln in einen einzigen kleinen und verhältnismäßig preiswerten Artikel.

Auch Erfrischungs- und Partygetränke wurden mit auffälligen Lifestyle-Werbesettings promotet, so etwa Mixgetränke mit und ohne Alkohol, die fester Bestandteil der 80er-Jahre-Partykultur waren. Auch *Coca Cola* brachte eigens Mixgetränke auf den Markt, etwa die *Cherry Cola*, deren Werbung und Dosendesign mit Anleihen aus der Pop Art auf einen urbanen American Way of Life abhob. Alkoholische Getränke wurden ebenfalls vorrangig als Lifestyle-Produkte beworben, die mit Freiheit, Abenteuer und Geselligkeit assoziiert wurden, ohne irgendwie auf Geschmack, Inhaltsstoffe oder gar Suchtgefahr zu verweisen. Die gängige Handelsverpackung für kohlensäurehaltige Getränke wie Bier und modische Softdrinks (Cola, andere Limonaden und Energy-Drinks) waren handliche Aluminiumdosen, die mittels Aufreißlasche geöffnet wurden und zugleich als Trinkgefäße dienten. Ein großer Vorteil solcher Industrieverpackung liegt in ihrer Bedruckbarkeit im spezifischen Markendesign. Die Verpackung ist eines der wichtigsten Werbemedien für Markenprodukte im Lebensmittelbereich und nimmt einen hohen Stellenwert im Lifestyle-Marketing ein.

Neben all den süßen Versuchungen kamen gleichzeitig kalorienreduzierte Diätprodukte als Trendlebensmittel auf den Markt. Sie sollten die neuen Schlankheitsideale bedienen. Unter dem Markennamen *Du darfst*! vermarktete die *Upfield Holdings* seit Mitte der 1970er Jahre in Deutschland fett- oder zuckerreduzierte Nahrungsmittel, zunächst Margarine, später auch Käse, Konfitüre mit weniger Zucker und Streichwurst. Der zugehörige Werbespot »Ich will so bleiben, wie ich bin« war im Fernsehen und Radio allgegenwärtig. Bald folgten andere fettreduzierte Aufstriche und Milchprodukte (*Lätta*, *Becel*, beide ebenfalls *Upfield Holdings)* und Leichtprodukte wie Knäckebrot. Selbst Schokoriegel sollten die neue Schlankheits- und Gesundheitswelle bedienen, so der Riegel *Balisto* (ab 1981, *Mars Inc.*), dessen Zuckeranteil nur geringfügig reduziert war, der aber als ballaststoffreich angepriesen wurde.

Wie in anderen Konsumbereichen expandierte auch in der Lebensmittelbranche seit Mitte der 1980er Jahre der Luxussektor. Wer es sich leisten konnte, genoss Delikatessen wie Austern, Hummer oder Kaviar mit französischem Champagner und zeigte sich dabei gern in der Öffentlichkeit. Ein dazu passendes Phänomen ist der Ausbau der Lebensmittelabteilungen der großen Kaufhäuser zu riesigen Schlemmer-Abteilungen, die oft ein gesamtes Geschoss einnahmen. Nach Vorbild des Berliner *KDW* gab hier es Probierangebote von Feinkostdelikatessen aus aller Welt. Und selbst in der Imbissbude setzte sich das neue Edel-Fastfood durch. Auf Sylt, der »Insel der Reichen und Schönen« hatte *Gosch* 1972 die »nördlichste Fischbude Deutschlands« am Lister Hafen eröffnet, die bald zum Nobel-Bistro aufgepeppt wurde. Ab 1984 folgten weitere *Gosch*-Standorte zunächst auf Sylt, ab Ende der 1980er Jahre auch auf dem Festland.

Grundsätzlich jedoch gehörten zur boomenden Fastfoodbranche vor allem Angebote im unteren Preissegment für Familien mit Kindern und für Jugendliche, so auch bei der schnell expandierenden amerikanischen Schnellrestaurant-Kette *McDonald's*. Das weltweit agierende Unternehmen bot in den Citylagen der Großstädte standardisiertes und preiswertes Fastfood in Einweggeschirr an. Am beliebtesten waren Pommes Frites und Hamburger. Das Essen stand im Ruf minderwertiger Qualität, aber die in unkonventionellen Selbstbedienungsläden, wo auf Etikette nicht viel Wert gelegt wurde und man mit den Fingern Essen konnte, hatten einen eigenen Erlebnischarakter. *McDonald's* wuchs zu Deutschlands größten gastronomischen Unternehmen mit einem Umsatz von 910 Millionen DM im Jahr 1988 und einen Rekordgewinn von 44,4 Millionen DM vor Steuern an.[37]

Bunt, quirlig, sportlich, dynamisch: Selbst Speiseeis am Stil wurde als Lifestyleprodukt vermarktet, von dem die Werbung in Zeitungsanzeigen, Kino- und Fernsehspots suggerierte, dass junge, unkonventionelle Menschen es in fröhlicher Gemeinschaft konsumierten. Immer neue Formen, Farben und Geschmacksrichtungen kamen auf den Markt.

Werbeinserat für Speiseeis *Twister*, *Langnese*, 1984

*McDonald's* war 1988 zu Deutschlands größtem gastronomischen Unternehmen mit 910 Millionen DM Umsatz gewachsen. Zwar stand das Essen im Ruf minderwertiger Qualität, aber das unkonventionelle Image der preiswerten Selbstbedienungsläden und ihr Erlebnischarakter zogen Jugendliche und Familien mit Kindern an.

Werbeplakat für die Fastfoodkette *McDonald's*, 1982

Die Entwicklungen im Lebensmittelbereich brachten jedoch auch eine alternative Bewegung hervor, die sich gegen den hohen Gehalt an Schad- und Zusatzstoffen in der Nahrung einsetzte und stattdessen eine möglichst naturbelassene Landwirtschaft und Produktverarbeitung einforderte. Hintergründe waren ein zunehmendes ökologisches Bewusstsein, ausgelöst durch zahlreiche Umweltunfälle und -katastrophen, und ein Misstrauen gegenüber der global agierenden Lebensmittel- und Agrarindustrie.

Zwar gab es schon seit den 1930er Jahren Reformhäuser, die auf die Vermarktung von naturbelassenen und schadstoffarmen Produkten setzten, etwa der anthroposophischen Marke *Demeter*, doch aus den Neuen Sozialen Bewegungen heraus entstanden modernere Ansätze des ökologischen Landbaus mit eigenen Güte- und Warenzeichen, etwa des Verbandes *Bioland*. Dieser 1976 gegründete »Verband für organisch-biologischen Landbau e.V.« zählte 1981 rund 200 Mitglieder mit steigender Tendenz. Sie vermarkteten ihre landwirtschaftlichen Produkte wie Käse oft über eigene Hofläden oder sogenannten Körnerläden. Diese alternativen Geschäfte boten Getreideprodukte und Gemüse aus ökologischem Landbau, Bio-Lebensmittelkonserven, Tee oder Naturkosmetik und Öko-Putzmittel an. Oft waren die kleinen Läden inhaber*innengeführt, manchmal auch von Kollektiven. Als Verarbeitungsbetriebe des ökologisch erzeugten Getreides entstanden außerdem handwerklich Bio-Bäckereien, die zunächst vorwiegend Vollkornprodukte herstellten und sich später mit einem breiteren Sortiment langfristig etablierten.

## Die Bekleidungsbranche: Modevielfalt und Markenkult

Die postmoderne Konsumvielfalt zeigte sich besonders im Bekleidungssektor, denn die Mode der 80er Jahre brachte mehr Stilidole hervor als jedes andere Jahrzehnt zuvor. Kleidung, Schuhe und Accessoires ließen sich nach Belieben zu immer neuen Looks kombinieren. In dieser »Dekade eines uneingeschränkten Narzissmus«[38], so die Kultur- und Modewissenschaftlerin Gertrud Lehnert, zählte mehr denn je das kreative Styling, um das eigene Selbstbild individuell zu inszenieren.

So stieg der Konsum an Modewaren auch quantitativ an, und der Textilhandel verzeichnete in den 1980er Jahren – abgesehen vom Rezessionsjahr 1982 – ständig steigend Umsätze. Es wurde immer mehr Geld für immer mehr Produkte der Branche ausgegeben: Im Jahr 1987 gingen 8,4 % des privaten Verbrauchs auf das Konto des Textileinzelhandels; das entsprach 1.546 DM pro Kopf.[39] In der Bundesrepublik wie auch weltweit war der Modemarkt einer der bedeutendsten Konsumgütermärkte. Dabei wurde die Produktion weitgehend in Drittländer mit geringerem Lohnniveau und Sozialstandards ausgelagert. Schon zwischen 1982 und 1993 sank der Anteil der Inlandsanfertigung der deutschen Bekleidungsindustrie von 77 % auf 24 %, während die Auslandsfertigung beziehungsweise -veredelung von 10 % auf 54 % stieg.[40] Dieses Ungleichgewicht von Produktion und Konsum ist ein Ergebnis des Globalisierungsprozesses, der nicht zuletzt durch neoliberale Wirtschaftskonzepte der 1980er Jahre möglich wurde.

Den zumeist international aufgestellten Textilfilialisten gelang es, nicht nur ihre Produkte, sondern vor allem ihre Marken im Markt zu implementieren. Die begehrten Eigensortimente wurden exklusiv in eigenen Geschäften oder Labelabteilungen vertrieben, andere Textilläden mit offenem Sortiment bekamen keinen Zugriff auf die Ware.[41] Als Trendsetter waren die Modelabel mit ihren zielgruppenfokussierten Kollektionen maßgeblich verantwortlich für den aufkommenden Markenfetischismus in der Mode. Dabei handelte es sich in der Regel um sogenannte Lifestylemarken oder Brands, die nicht unter die Definition einer »echten« Marke im Sinne eines gesetzlich geschützten Herkunftszeichens fielen. Vielmehr zeichneten sie sich durch ihren eigenen Stil und ihr charakteristisches Image aus, markiert durch prägnante, sichtbar auf den Kleidungsstücken aufgenähte oder gedruckte Logos.

Textile Materialqualität oder Langlebigkeit waren längst nicht mehr die Kriterien der Kaufentscheidung für ein Kleidungsstück, sondern vor allem Stil, modischer Look und das Image spezifischer Labels. Mit der Kleidung wurden Lebensstil und gesellschaftliche Leitbilder inszeniert, die in den 1980er Jahren vielfältig und manchmal widersprüchlich waren: So zeichneten Coolness und legere Sportlichkeit ebenso wie Leistungs- und Erfolgsorientiertheit, Luxussucht, Glamour und Verspieltheit oder schrille Disharmonie die Modeentwürfe aus. Modische Vielfalt bedeutete Koexistenz und Kombinierbarkeit verschiedener Stile und wechselnder Leitmotive, sie war aber auch ein Indiz für die Zerrissenheit und Orientierungssuche einer Gesellschaft zwischen Krise und neuem Wohlstand.

Die neue Vielfalt der Modetrends war geprägt von Internationalität: Die Einflüsse kamen aus den angesagten Metropolen Nordamerikas, wo der urbane Lifestyle einschließlich der subkulturellen Trends des Hiphop die Modeströmungen prägten. Aus London kam die Punkmode á la Vivienne Westwood; Italien mit dem Modezentrum Mailand stand für edles Design, Schuhe und Luxusartikel, und sogar Tokio lag im Trend, wo Modeschöpfer wie Kenzo und Miyake die europäischen Mode- und Sehgewohnheiten aufbrachen. Überall etablierten sich die Ateliers der Haute Couture und große Modemessen. Auch in der Bundesrepublik Deutschland gab es einflussreiche Modedesigner wie Jil Sander, Wolfgang Joop, Karl Lagerfeld. Durch den wachsenden Erfolgsdrang der jungen Mittelschicht wuchs auch deren Begeisterung für teure Modemarken. Labels von Haute-Couture-Größen wurden plakativ zur Schau gestellt. Es war die Lifestyle-Gruppe der sogenannten Yuppies (Young Urban Professionals), die sich besonders im Edel-Look aus Maßanzug oder -kostüm gefielen und mit dem »Branding« teurer Modelabel Wohlstand und Erfolg präsentieren wollten. In diesem leistungsorientierten Milieu konnte sich etwa die Marken *Hugo Boss* – schon der Name steht für Erfolg, Dynamik und ein kosmopolitisches Lebensgefühl – und *Ralph Laureen*, *Armani*, *Calvin Klein*, oder *Tommy Hilfinger* durchsetzen. Erfolgsfrauen trugen teure Kostüme von *Thierry Muggler* oder edle Hosenanzüge mit Schulterpolstern und weich fallenden Bundfaltenhosen.

Trendsetter in Sachen Mode waren auch die Stars aus Popkultur, Musik und Medienwelt, allen voran internationale Megastars wie Madonna oder Michael Jackson.[42] Sie setzten in ihrer Bühnenshow nicht nur auf Musik, sondern inszenierten mit ihrer Performance auch neue Körperbilder und Geschlechterrollen, die mit der Mode in Wechselbeziehung standen. Während Michael Jacksons Kleiderstil androgyn war, bediente Madonna das Leitbild »harter« Weiblichkeit. Zu ihrem Erfolgsrezept gehörte ihr mit Bodybuilding, Aerobic und Diäten durchgestylter Körper; sie stand für Zielstrebigkeit und Selbstkreation und ein offensives Durchbrechen von Grenzen auch in ihrem Kleidungsstil. Nach dem Motto »Change your Image« wechselte ihr Mix aus Leder und Kruzifixen, Luxus mit Punk- und Gothik-Elementen oder platinblondem Haaren. Der Transfer der inszenierten Bilder aus den Bühnenauftritten in die Modewelt erfolgte durch Musikvideos mit ausgefeilten medientechnischen Effekten.

Aber auch Spielfilme und populäre Fernsehsendungen, die zwischen Action, Coolness und Trash changierten, beeinflussten die Mode und den Kleidungsstil, allen voran die amerikanischen Serien »Denver« und »Dallas« mit ihren aufgestylten Frauenfiguren (hochhackige Pumps, enge Röcke, pompöse Frisuren) oder *Miami Vice*, die der Männermode einen neuen, lässigen Dresscode verpassten: Zum breitschultrigem Jackett wurden T-Shirt und Turnschuhe getragen. Es waren vor allem amerikanische Einflüsse, die die Mode selbst im Businessbereich legerer machten; sportliches und funktionales Outfit standen für Zielstrebigkeit und Dynamik, aber auch für Spiel und Spaß. Der sportliche Look war auf unterschiedliche Weise in allen Milieus und Lifestyle-Gruppen angesagt, seien es coole Basketballschuhe der Kultmarke *Converse* für Jugendliche, Leggings aus dem Aerobic-Outfit für modebewusste Frauen oder Poloshirts von Nobelmarken wie *Lacoste* oder *Ralph Lauren* für den distinguierten Herren.

Aus dieser Vielfalt an Trends und Möglichkeiten kreierten auch die subkulturellen Communities ihre spezifischen und innerhalb der Gruppierungen oft konformen Kleidungsstile. Ebenso wie die Vorliebe für bestimmte Musikgenres war ihr Dresscode das Zugehörigkeitsmerkmal zu den zumeist jugendlichen Lifestylegruppen. Mit ihrem Look und oft ganz spezifischen Modelabels visualisierten sie ihre Wertvorstellungen, Weltbilder und auch ihre Einstellung zum Konsum: So kleideten sich die sogenannten Popper aus Protest gegen die vorangegangenen kritischen Jugendkulturen der 1970er Jahre betont elegant und exklusiv (in Anlehnung an die Yuppies) und zelebrierten demonstrativ den Konsum mit teuren Modemarken. Sie trugen Slipper oder College-Schuhe und *Burlington*-Socken, »Karottenhosen«, Polohemden sowie Kaschmirpullover mit V-Ausschnitt, gern lässig über die Schultern gelegt und die Ärmel vorne locker gebunden (»Sylter Knoten«). Ihr modischer Gegenpart waren die »Ökos« oder Alternativen, die sich in selbstgestrickte Pullover, Latzhosen und Gesundheitssandalen kleideten. In der »alternativen« Szene wurden auch dunkle Lederjacken und Palästinensertücher getragen, die es bei fliegenden Händlern in den Innenstädten zu kaufen gab.

Neben dem »Schlabberlook« aus Oversize-Pullover und Leggings brachte die 1980er-Jahre-Mode auch eine neue Silhouette für die Karrierefrau hervor: Das eng geschnittene, schulterbetonte Kostüm zu High Heels war beeinflusst von Frauenfiguren aus amerikanischen TV-Serien und signalisierte Leistungs- und Erfolgsorientiertheit. Auch preisgünstigere Textilketten wie C&A bedienten diesen Modetrend.

Werbeplakat von C&A, um 1985

In den 1980er Jahren kamen körperformende und -betonende Dessous wieder in Mode. Nur eine Dekade nach der demonstrativen Befreiung vieler Frauen von einengenden BHs setzte sich ein neues Ideal vom weiblichen Körperstyling durch, wie von der Sängerin Madonna zelebriert. Zunächst gehörte die teure Wäsche zum typischen Luxuskonsum, wenig später folgten preiswertere Angebote der Modeketten.

Werbeplakat für Dessous der Marke *Triumph*, Entwurf Adolf Wirz, 1988

Sportliches und funktionales Outfit standen für Zielstrebigkeit und Dynamik, aber auch für Spiel und Spaß. Der sportliche Look war in allen Milieus angesagt, seien es coole Basketballschuhe bei Jugendlichen oder weiße Sneakers der Nobelmarken für die distinguiertere Kundschaft.

Werbeplakat für *Lacoste*-Schuhe

Die sogenannten P-Tücher entwickelten sich zum modischen Accessoire und Ausdruck jugendlichen Lebensgefühls in Abgrenzung vom »Establishment«. Die Punks wiederum zeigten ihre Verachtung von Konsum und Kommerz mit ihrem seit den 1970er Jahren angesagten Anti-Look aus Nieten, kaputtem Leder und Leoparden-Look, dazu bunt eingefärbte Irokesen-Frisuren. Neu in den 1980er Jahren waren die Hip Hopper als modische Trendsetter bis weit über die Dekade hinaus: Zu ihrem in jeder Hinsicht anti-konventionellen Style gehörten Trainingsanzüge, Basketball-Sneakers oder andere High-Top-Turnschuhe (gerne ohne Schnürsenkel), Baseball Caps (hintenherum getragen) oder der *Kangol*-»Eimerhut« und riesige auf der Schulter getragene »Ghettoblaster«. Zu den subkulturellen Splittergruppen mit eher wenig Trendpotential gehörten die »Grufties« als Anhänger der Gothic-Kultur, die Anfang der 1980er Jahre aus dem Punk- und New-Wave-Umfeld hervorgingen und sich in finsteren langen Mänteln, Springerstiefeln und schwarzem Augenmakeup und Lippenstift gefielen.

Neben all den Trends und speziellen Modeerscheinungen in den subkulturellen Milieus gab es Looks und Kleidungselemente, die zum Mainstream der 1980er Jahre avancierten. Insgesamt wurde die Mode legerer und grenzte sich von der vorherigen Dekade vor allem durch neue Schnitte ab. Der Casual Look zeigte eine Silhouette mit breiten Schultern (Blazer oder Sakkos mit Schulterpolstern oder Pullover mit überschnittenen Ärmeln), schmaler Taille (betont mit Gürteln) und breiteren Hüften, eng zulaufende Hosen (Karottenhose) und bequeme Schuhe. Typisch für die 80er Jahre war Oversize-Mode aus fließenden, gern bunten, geometrisch gemusterten Stoffen wie Jersey oder Viskose. Wichtigstes Kleidungsstück für Männer und Frauen war die Jeanshose, die als modisches Kultobjekt eigentlich den 1970er Jahren zugeordnet wird, die aber in den 1980er Jahren in allen Bevölkerungsschichten zum Durchbruch kam. Neben den klassischen US-amerikanischen Jeansmarken (*Levis*, *Lee*, *Wrangler*) brachten nun annähernd alle Konfektionshersteller ihr eigenes Jeanslabel heraus (beispielsweise *Closed, Benetton, Esprit, H&M, Fruit oft the Loom, Jean Pasquale, s.Oliver* ), und sogar die noblen Designermarken wie *Armani* oder *Calvin Klein* entwarfen eigene Jeans. Stilprägend für das Jahrzehnt wurde die karottenförmige stone-washed Jeans, die das Modelabel *Closed* mit dem Model *Pedal Pusher* erstmals herausgebracht hatte. Eine Alternative zur Jeans – und noch legerer als diese – waren Leggings aus hochelastischen Stretch-Stoffen, die Frauen nicht nur zum Sport anzogen. Dazu trug man lockere Oberteile im Oversized-Look: im Winter grob gestrickte Mohairpullover, im Sommer leichte, weit geschnittene Blusen, die bis weit über die Oberschenkel reichten. Auch T-Shirts wurden in Übergrößen getragen. Die T-förmigen Hemden, die einst durch Filmgrößen wie Marlon Brando und James Dean populär gemacht wurden, avancierten in den 1980er Jahren zu einem alltäglichen Unisex-Bekleidungsstück. Sogar zum modischen Herrenanzug konnte man sie tragen. Etwas distinguierter war das Poloshirt, das dem Tennislook entlehnt war: ein kurzärmeliges Hemd in Schlupfform mit kurzer Knopfleiste (»Pololeiste«) und einem Auslegekragen aus Feinrippstrick. Wärmere

Wichtigstes Kleidungsstück der 1980er Jahre war die Jeanshose. Neben den klassischen US-amerikanischen Marken brachten nun annähernd alle Konfektionshersteller und sogar noble Designermarken ihr eigenes Jeanslabel heraus. Stilprägend für das Jahrzehnt wurde die stone-washed Jeans in Karottenform, die sogenannte Mom-Jeans.

Werbetüten verschiedener Jeansmarken, 1982-1987

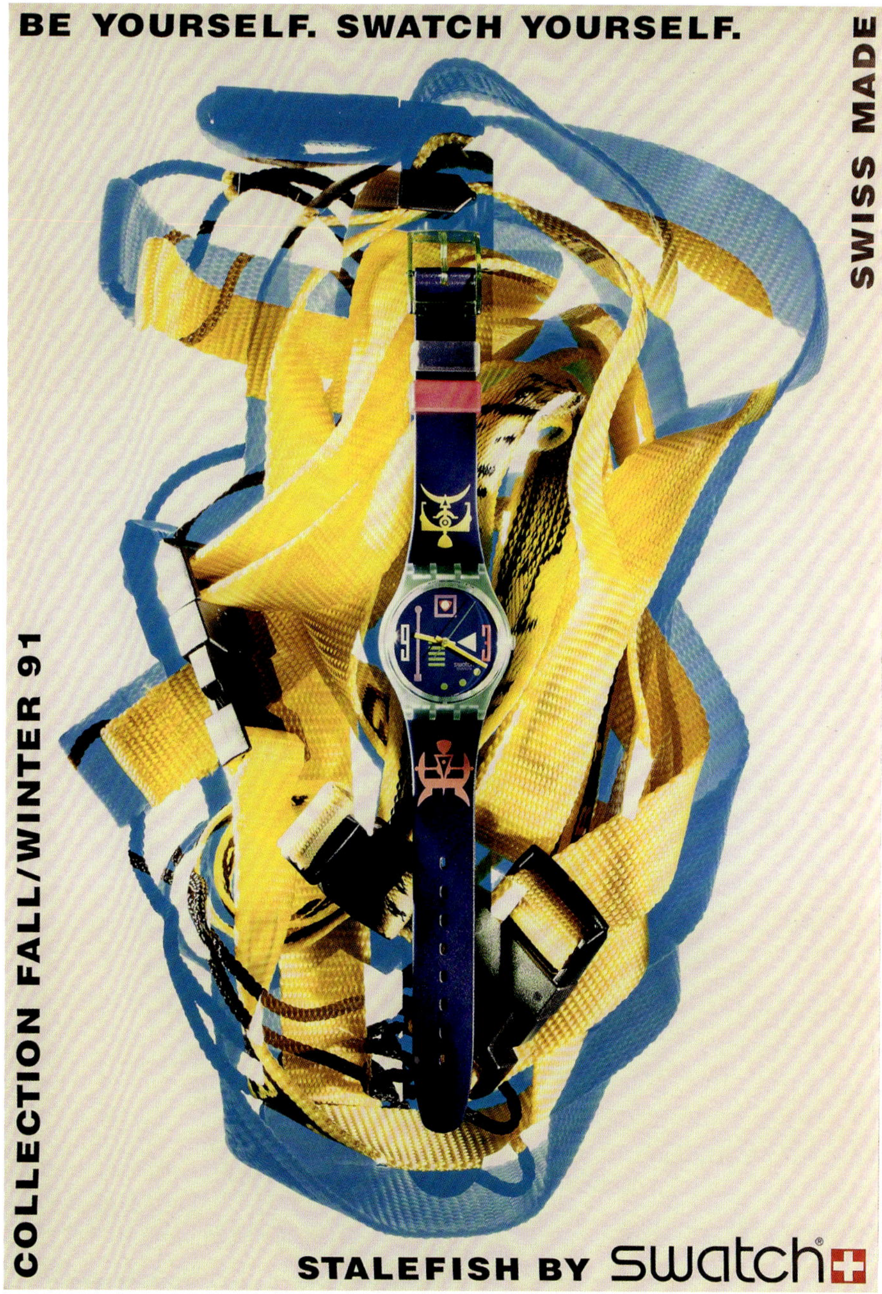


Die Schweizer Uhrenmarke *Swatch* bediente perfekt das Lebensgefühl ihrer Zeit: Ab 1983 kamen regelmäßig wechselnde Kollektion von bunten Kunststoffuhren mit ausgefallenem Design (von poppig bis postmodern) auf den Markt. Mit diesem verhältnismäßig preiswerten Markenprodukt schaffte die eher konservative Schweizer Uhrenbranche einen Imagewechsel.

Werbeplakat für *Swatch*-Uhren, 1991

Oberteile ebenfalls im bequemen Baumwolljersey, aber mit aufgerauter Innenseite, waren Sweatshirt und Hoodie, die auch der Sportmode entlehnt waren. Mäntel für Frauen und Männer zeigten in Abwandlung des klassischen Trenchcoats weite und lange Schnitte mit großen Schulterpolstern. Auch die Schuhmode war vielfältig und vor allem bequem, es gab Slipper, Mokassins, Pumps, Boots, hohe und flache Turnschuhe (Sneaker).

Während die Oberbekleidung ausgesprochen leger war und oft den Körper locker umspielte (mit Ausnahme der hautengen Leggings) kamen körperformende und -betonende Dessous (Mieder, Korsagen, Strümpfe) wieder in Mode. Dieser Trend, der sich nur eine Dekade nach der demonstrativen Befreiung vieler Frauen von einengenden BHs entwickelte, zeigt die neue Idee vom weiblichen Körperstyling á la Madonna, der auch bei emanzipierten Frauen nicht verpönt war. Zunächst gehörten teure Dessous zur typischen Luxuskonsum der 1980er Jahre, wenig später entstanden auch hier preiswertere Angebote der Modeketten wie *H&M*, die die begehrte Unterwäsche in ihr Sortiment aufnahmen.

Die Mode der 1980er Jahre war oft bunt und gewagt, doch ihren unverwechselbaren Look gaben ihnen die auffälligen Accessoires: Zu den »angesagtesten« Artikeln gehörten Stulpen, fingerlose Handschuhe, Haarbänder (»Scrunchies«), Plastikarmbänder, große, flippige Ohrringe, extravagante Halsketten oder dezente Perlenketten (vorzugweise bei Yuppies und Poppern), Gürteltaschen, breite Ledergürtel mit Nieten und Strasssteinen. Ein Accessoire der besonderen Art und zugleich ein Beispiel für den großen ökonomischen Erfolg modischer Konsumwaren waren die Armbanduhren des Schweizer Unternehmens *Swatch* (als Abkürzung für Swiss Watch). Es brachte ab 1983 regelmäßig wechselnde Kollektion von bunten Kunststoffuhren mit ausgefallenem Design (von poppig bis postmodern) auf den Markt. Mit einem komplett neuen Produktimage wollte die kriselnde Schweizer Uhrenbranche der Konkurrenz aus Fernost entgegentreten und etablierte die *Swatch*-Uhren bei der jüngeren Kundschaft als modisch hochattraktives, aber verhältnismäßig preiswertes Markenprodukt. Die Swatch bediente perfekt das Lebensgefühl ihrer Zeit und entwickelte sich schnell zu einer emotional aufgeladenen Kultmarke. Sie war auch ein ungeahnter wirtschaftlicher Erfolg: Allein 1983 wurden bereits mehrere Millionen Stück abgesetzt.

Den neuen Modetrends der 1980er Jahre unterlagen auch Frisuren, Kosmetik und Körperpflege: Die Frisuren waren massiv und stark gestylt. Föhnfrisuren nach dem Vorbild Prinzessin Dianas – mit Wolken von Haarspray in Form gehalten – waren in den frühen 1980er Jahren sehr beliebt; etwas später trugen viele Frauen dauergewelltes Haar (Minipli). Für alle Geschlechter waren »Vokuhila«-Schnitte (vorne kurz, hinten lang) angesagt, sie waren durch Fernsehfiguren wie MacGyver oder das Pop-Duo *Modern Talking* populär geworden. Das Make-up der Zeit zeigte sich unnatürlich schwer, auffällig und bunt. Die Betonung lag auf den Augen mit pinkfarbenem oder blauem Lidschatten und farbiger Wimperntusche. Die Wangen wurden mit Rouge betont. Unerlässlich war braune Haut, ob als

Die Frisuren der 1980er Jahre waren stark gestylt und wurden oft mit Wolken von Haarspray in Form gehalten. Zunächst waren Föhnfrisuren nach dem Vorbild Prinzessin Dianas sehr beliebt; etwas später trugen viele Frauen dauergewelltes Haar (»Minipli«). Für alle Geschlechter waren »Vokuhila«-Schnitte angesagt.

Werbeanzeige für Haarspray *Poly Soft*, 1983

Urlaubsbräune oder aus dem Sonnenstudio. Auch kosmetische Selbstbräuner waren erlaubt, wenn es darum ging, die Lifestyleideale von Freizeit, Gesundheit und Jugend zu inszenieren.

Generell stiegen Aufwendungen und Konsum für die Körperpflege, und die Konsumgüterbranche lieferte dazu die nötigen Pflegemittel in fast unüberschaubarer Fülle. Von jedem Artikel, ob Duschgel, Deodorant, Rasierwasser, Hautlotion oder Zahncreme, gab es etliche Marken, Sorten, Größen und Darreichungsformen. Besonders beliebt waren Pflegemittel und Kosmetika in modernen Sprayflaschen (Deodorant, Rasierschaum, Duft- und Haarspray), deren Treibgase jedoch umweltschädliche Flourchlorkohlenwasserstoffe (FCKW) enthielten und die schützende Ozonschicht in der Erdatmosphäre immer dünner werden ließen. Nach einem internationalen Verbot der Treibgase brachte die Kosmetikindustrie andere Darreichungsformen heraus, etwa Deoroller oder Deosticks. Wie im Lebensmittelbereich war auch der Markt an Körperpflegemitteln unter den international verflochtenen Großkonzernen und ihren Dachmarken aufgeteilt (*Beiersdorf, Unilever, Procter & Gamble, Colgate-Palmoliv, Elida-Gibbs*), die meisten von ihnen waren zugleich im Bereich Reinigungsmittel und Drogeriewaren aktiv.

Zu den klassischen Luxusartikeln gehörte Parfüm, hier waren es in den späten 1980er Jahren vor allem die Nobelmarken, die ihren Absatz steigern konnten. Auch etliche sonst im Textilbereich aktive Modelabels gaben eigene Duftlinien heraus: den langjährig etablierten Marken wie *Coco Chanel* oder *Dior* folgten *Joop!* oder *Jil Sander*. Kaum ein Konsumprodukt war besser geeignet zur Definition einer eigenen Typenidentität als Parfüm. Die Duftnoten wurden identifiziert mit spezifischen mentalen Eigenschaften und Vorstellungen, etwa Eleganz, Romantik oder Leichtigkeit, und mussten stets den zeitgeistigen Trends angepasst werden. So ging es in den 1980er Jahren oft darum, neue Weiblichkeitsbilder einzufangen. *Muelhens* (*4711 Kölnisch Wasser*) hatte beispielsweise bereits 1976 versucht, das angestaubte Image seines Eau de Cologne-Klassikers *Tosca* durch das Nachfolgeprodukt *Janine D.* zu modernisieren (Werbeslogan: »Die Zeit ist reif für einen jungen, selbstbewußten Duft«). Doch erst 1989 kam der komplette Imagewandel mit einer neuen sportlichen Duftnote unter dem Namen der erfolgreichen Tennisspielerin Gabriela Sabatini. Die Werbung zeigte das Testimonial auf einem wilden Pferd in der Brandung einer Felsenküste entlanggaloppieren. Generell war die Parfüm- und Kosmetikwerbung sehr narrativ und kommunizierte in hoch ästhetischen Bildern die Sinnlichkeit schöner Körper. Auch spezielle Herrendüfte wurden kreiert, die Kosmetikindustrie wollte auch dieses Marktsegment erschließen.

## Die Technikbranche: Innovationen in Elektronik und Medientechnik

Die 1980er Jahre waren durch eine große Technologieoffenheit geprägt, entsprechende Innovationen drangen auch in den Konsumbereich ein. Neue Technologien kamen bei Autos, Haushaltstechnik, Telekomunikation, Medientechnik und sogar Spielzeug zum Einsatz. »Technik hat Eingang in den Familienalltag gefunden«, resümierte das Statistische Bundesamt 1989, nachdem es in den bundesdeutschen Haushalten Anrufbeantworter, Mikrowellenherde oder Spielekonsolen quantitativ erfasst hatte.[43]

Das für die Privathaushalte größte und teuerste technische Konsumprodukt war seit den sogenannten Wirtschaftswunderjahren das Auto. Im »Autoland Deutschland« galt die KFZ-Branche als der wichtigste Industriezweig, und der Handel erwirtschaftete gigantische Umsätze. Anfang der 1980er Jahre zählte die Statistik gut 28 Millionen auf bundesdeutschen Straßen zugelassene PKW[44], und jährlich wurden es durchschnittlich 2,5 bis 3,0 Millionen fabrikneue Wagen mehr. Dabei hatte gerade die Autoindustrie Anfang der Dekade eine Krise zu überstehen, die auf dem sogenannten Ölpreisschock der 1970er Jahre gründete. Es kam zu einem Rückgang der Neuwagenzulassungen mit einem niedrigsten Stand im Krisenjahr 1982. Der Einbruch betraf vor allem obere Mittelklassewagen, doch gegen Ende der 1980er Jahre stieg gerade dieses Segment wieder stark an.[45] Während der Krise hatten die Hersteller mit einer Verschiebung des »Automobil-Leitbildes« hin zu Kleinwagen gerechnet und diese vermehrt in die Produktpalette aufgenommen (beispielsweise *Fiat Uno* 1985). Der Ölpreisschock hatte eine Sensibilisierung für den Kraftstoffverbrauch zur Folge, und der Trend ging zu sparsameren Autos; Energiesparen wurde Anfang der 1980er Jahre zum Lifestyle- und Werbemotto. In der Automobilwelt kamen nun neue Technologien zum Einsatz: Eine leichtere Bauweise und computerberechnete Karosserien erlaubten eine bessere Aerodynamik, um den Kraftstoffverbrauch zu senken. Mit der Diskussion um Umweltverschmutzung (saurer Regen) wurden Katalysatoren obligatorisch (in Deutschland ab 1985 zugelassen). Ein neues Bewusstsein für Verkehrssicherheit führte dazu, dass erstmals ABS (Antiblockiersystem) und Airbags in großen Stückzahlen verbaut wurden.

Ende der 1980er Jahre ließ sich dann der neue Trend zum Luxuskonsum auch bei den PKW beobachten. Autos waren ein ideales Konsumobjekt zum Zweck der sozialen Distinktion, mit dem sich ein von Erfolg und Sportlichkeit geprägter Lebensstil demonstrieren ließ. Leistungsstarke Motoren, sportliche Ausstattungen und neue Techniktrends (Autotelefone) waren vor allem bei Männern gefragt. »Ich will Spaß. Ich geb' Gas« sang 1980 der Neue Deutsche Welle-Star Markus, der mit seinem *Maserati* »Enten von der Straße schubsen« und »*Opel* vor sich her jagen« wollte. Prompt reagierte die Werbung für den *Porsche 924* mit dem Slogan: »Mehr Spaß beim Fahren hat noch keinem geschadet«. Spaß und Freiheit beim Autofahren waren provokante Forderungen, die sich gegen Sparsamkeits- und Sicherheitstrends wandten, ebenso wie gegen die Diskussionen um Geschwindigkeitsbegrenzung und das Verbot von Alkohol am Steuer.

Auf die divergierenden Bedürfnisse der Kundschaft aus verschiedenen sozialen Zusammenhängen (Altersgruppen, Familienstatus, Geschlecht), Milieus (Preisklassen) und Lifstylegruppen (Repräsentation) reagierten die Autofirmen mit immer neuen Modellen und Ausstattungen. Die zuvor so klassische Typologisierung der Autofahrer nach einer Marke (typische *Opel*fahrer galten als spießig; wer einen *R4* fuhr, war unangepasst) ließ sich in den 1980er Jahren nicht mehr aufrecht halten; dem allgemeinen Individualisierungstrend und der Segmentierung des Kundenmarktes folgend, bot jede Automarke nun eine ganze Palette unterschiedlicher, auf verschiedenste Fahrtypen zugeschnittene Modelle an.

Ein Beispiel für die neue Diversität ist der *VW-Golf*, der in den 1970er Jahren den »Käfer« als statusfreien Mittelklassewagen (»klassenloses« Auto) ablösen sollte.[46] Schon in den 1970er Jahren gab es den *Golf* in S-, L- und GL- Ausstattungen, ab 1976 kam der der leistungsstarke *GTI* mit ausgesprochen sportlich-maskulinem Image auf den Markt. Ab 1983 (bis 1991) folgte die zweite *Golf*-Generation, sie wurde in sechs Motor- und vier Ausstattungsvarianten angeboten. Hinzu kamen teilweise limitierte Sondermodelle. Anlässlich der Produktion des zehn millionsten *VW-Golf* 1988 etwa gab der Hersteller ein Modell in Sonderausstattung mit blauer Metalliclackierung, Sportsitzen und Alufelgen heraus. Individuelle Sonderausstattungen konnten bald nach dem Baukastenprinzip und mit entsprechendem Aufpreis bestellt werden, so dass hier nur der Kostenfaktor die Möglichkeiten beschnitt. Doch grundsätzlich blieben die Autos trotz der angebotenen Varianten standardisierte Massenprodukte.

Immer neue Marken und Modelle brachte auch die Konkurrenz aus Fernost auf den bundesdeutschen und den europäischen PKW-Markt. Für die japanische Autoindustrie waren die 1980er Jahre eine Zeit des Booms: *Honda*, *Toyota*, *Nissan*, *Mazda* oder *Mitsubishi* begannen die Welt zu erobern und auf den Hauptmärkten Fuß zu fassen. Japanische Autos hatten vor allem in Bezug auf ihren Preis und die Kraftstoffeffizienz einen Vorteil gegenüber amerikanischen und europäischen Autos.

Japan hatte sich auch auf anderen Gebieten zum Technologieland der Spitzenklasse entwickelt. Seit der »Erdölkrise« 1973/74 hatte das Land eine Periode der qualitativen Konsolidierung erlebt, und die Wirtschaft hatte eine Abkehr von den »Schornsteinindustrien« hin zu technologisch anspruchsvollen Produkten der Elektronik vollzogen. Modernste Verfahren der Hochtechnologie wurden entwickelt und die Produkte weltweit in den Konsumgütermarkt gebracht. Vor allem bei Elektronikprodukten, insbesondere Unterhaltungselektronik im Bereich der Audio- und Videotechnik, konnten japanische Produktionen die US-amerikanische und europäische Konkurrenz schnell ausstechen. Diese Technologien führten zusammen mit neuen Entwicklungen der Digitalisierung zu grundlegenden und nachhaltigen Veränderungen in Medienkonsum und -kultur weltweit.

Besonders die audiovisuellen Techniken entwickelten sich in den 1980er Jahren rasant und

Auch die Autofirmen versuchten mit ihren Modellen das Lebensgefühl der 1980er Jahre zu bedienen; so bot *Volkswagen* ein Cabrio auf der Basis das *Golf I* an. Der feste Überrollbügel sollte für mehr Sicherheit sorgen, störte aber das schnittige Design des spöttisch »Erdbeerkörbchen« genannten Wagens.

Werbeplakat für *VW-Golf*, um 1985

Die Videotechnik mit dem Format VHS ermöglichte den großen Medienkonzernen eine lukrative Zweitauswertung ihrer Spielfilme auf kopiergeschützten Videokassetten. Die Kinofilme konnten in Videotheken ausgeliehen und auf dem heimischen Fernseher angeschaut werden, während den Lichtspielhäusern Publikum verloren ging.

Spielfilme auf VHS-Kassetten, um 1990

brachten eine neue Ära des Medienkonsums hervor: Grundlage waren Fernsehgeräte, die in den 1980er Jahren in deutschen Haushalten flächendeckend verbreitet waren: 1988 besaßen 87,4 % der Privathaushalte einen Farbfernseher, und der Trend ging zum Zweitgerät. Auch die Nutzung der Geräte stieg rasant, das Fernsehen wurde zum wichtigsten Unterhaltungs- und Informationsmedium und löste die Printmedien in dieser Funktion ab. Es erfuhr eine enorme Kommerzialisierung durch die Entstehung des werbefinanzierten Privatfernsehens (*RTL, SAT, Kabel*) und immer mehr neuer Kanäle für unterschiedliche Zuschauergruppen. Über *Eutelsat* wurde 1982 das Satellitenzeitalter in 26 europäischen Staaten gestartet, und bald prangte die markante Schüssel auch an zahlreichen bundesdeutschen Wohnhausfassaden. Sein Programmangebot war noch breiter als beim Kabelfernsehen (Mitte bis Ende der 1980er Jahre in der Bundesrepublik eingeführt), und vor allem beliebte Sportübertragungen konnten nun global live miterlebt werden.

Noch mehr Möglichkeiten des audiovisuellen Medienkonsums erlaubte die Entwicklung der Videoaufzeichnungstechnik beziehungsweise die Erfindung des Videorekorders. Hier hatte sich die japanische Technologie in Form des VHS (Video Home System) durchgesetzt. Das Unternehmen für medientechnische Geräte *JVC* hatte das analoge System für Video-Magnetbandaufzeichnungen auf den Markt gebracht und den ersten Rekorder mit dem VHS-Format (Modell *HR-3300* von *JVC*) im Herbst 1977 vorgestellt. Schnell wurde VHS zum Standard für private Video-Aufzeichnungen weltweit. Das System umfasst Medienträger (Kassetten mit langen Magnetbändern) und Aufnahme- beziehungsweise Abspielgeräte (Videorekorder, gekoppelt mit dem Fernsehgerät). Das Medium Video ermöglichte das Aufzeichnen und spätere Abspielen von Fernsehprogrammen, etwa wenn eine Sendung zu spät am Abend lief.[47] So wurden die restriktiven Rezeptionsgewohnheiten des Mediums Fernsehen, die durch das feste Programmangebot vorgegeben waren, aufgebrochen. Jeder und jede konnte sich nun ein privates (Video-)Filmarchiv aufbauen und dabei individuelle Schwerpunkte setzen.

Die neue Technik setzte sich in rasanter Geschwindigkeit durch: In der Bundesrepublik Deutschland wurden 1979 etwa 270.000 Geräte verkauft. 1981 waren es bereits rund 750.000 Stück. »Die Deutschen sind voll auf Video abgefahren«, so *Der Spiegel*: »Jeder zehnte bundesdeutsche Haushalt hat schon einen Video-Rekorder, noch einmal 1,4 Millionen Geräte sollen dieses Jahr verkauft werden: Die Bundesrepublik wurde zur größten Video-Nation der Erde. 3,2 Milliarden Mark, nahezu eine Milliarde mehr als im Vorjahr, gaben die Bundesbürger 1982 für Video aus – für Rekorder, Video-Kameras und Kassetten.«[48]

1985 stand in etwa jeder vierten westdeutschen Wohnung ein Videogerät; 1989 waren bereits 45 % der bundesdeutschen Haushalte mit Videorecordern ausgestattet.[49] Video war eine Technologie, die sich auf dem Konsumgütermarkt ohne großen Marketingaufwand und Werbedruck durchsetzen ließ, allein ihre Funktion und Anwendungsmöglichkeiten faszinierten und überzeugten die Kundschaft.

Die Videotechnik erzeugte zugleich einen weiteren Konsumgütermarkt für kommerziell bespielte Videofilmkassetten, die käuflich erworben oder in Videotheken ausgeliehen werden konnten. Dabei handelte es sich um ein durchaus umstrittenes Kulturgut. Die Videofilme waren oft von zweifelhafter Qualität und hatten einen problematischen Ruf, weil die Fülle der nicht jugendfreien Sex-und Horrorvideos nur schwer zu kontrollieren war. Doch die Zahl der Videotheken wuchs rasant: 1980 fanden sich bundesweit etwa 1.000 dieser zumeist kleinen Ladengeschäfte; nur zwei Jahre später waren es bereits über 5.000 und 1987 etwa 8.700 Videotheken. Laut dem Magazin *Der Spiegel* liehen sich die Deutschen 1982 »für rund 900 Millionen Mark … über 120 Millionen Kassettenfilme aus«[50]: Kaufhäuser wie *Karstadt, Hertie, Kaufhof* und *Horten* eröffneten Video-Boutiquen, um an dem Verkaufsgeschäft mit Videofilmen teilzuhaben; Leseringe lieferten neben Illustrierten auch Tele-Unterhaltung per Kassette ins Haus. Für die großen Medienkonzerne erwies sich die Zweitauswertung ihrer Spielfilme auf Video als lukrativ, und sie führten ab 1984 den Kopierschutz für ihre Kaufkassetten ein. Die großen Kinofilme konnten nun auf dem heimischen Fernseher angeschaut werden, während den Lichtspielhäusern das Publikum verloren ging. Es gab aber auch einen wachsenden Erstverwertungsmarkt speziell für Videofilme, wobei Billigproduktionen mit hohen Anteilen von Gewalt und Sex im Vordergrund standen.

Im Musik- und sonstigen Audiobereich hatte sich die Aufzeichnungstechnik in Form von Tonbandgeräten und Kassettenrekordern (ab den 1970er Jahren) bereits wesentlich früher als die Videotechnik durchgesetzt. In konventionellen Stereoanlagen mit Plattenspieler und Radio oder auch in modernen Hi-Fi-Türmen waren Kassetten- oder Tape-Decks zum Abspielen von Audiokassetten fest integriert. Doch bald wurden die Geräte immer kompakter und vor allem mobiler. 1979 kam erstmals ein kleines, leichtes und tragbares Kassetten-Abspielgerät auf den Markt: der *Walkman* der japanischen Firma *Sony*. Es revolutionierte den Musikkonsum und erreichte schnell weltweit Kultstatus unter Jugendlichen. Bis 1989 produzierte *Sony* insgesamt 50 Millionen *Walkmans*, drei Jahre später waren es bereits 100 Millionen. Nach diesem Erfolg kopierten andere Unternehmen das Konzept des Gerätes, etwa das deutsche Unternehmen *Grundig*, das seinen portablen Kassettenspieler *Beat Boy* nannte. Die von *Sony* geschützte Bezeichnung *Walkman* wurde jedoch zum Gattungsbegriff. Der *Walkman* befreite die Musikrezeption von ihrer statischen Gebundenheit, er brachte Mobilität, Kreativität und Individualität in den Musikkonsum: Junge Menschen konnten nun unterwegs und in der Öffentlichkeit – und zugleich abgeschottet von der Welt der Erwachsenen – mit Kopfhörern ganz für sich allein ihre Musik hören, die sie individuell auf Kassetten zusammengestellt hatten.

Auch die Entwicklung der CD-Technologie war ein Kind der 1980er Jahre, an der das japanische Unternehmen *Sony* maßgeblich beteiligt war: 1980 wurde der heute bekannte Compact-Disc-Standard festgelegt, 1982 ging der erste CD-Spieler in Serie. Bis zum Ende der Dekade setzte sich die Technologie durch und verdrängte zunehmend die

Das kleine, tragbare Kassetten-Abspielgerät namens *Walkman* der japanischen Firma *Sony* revolutionierte den Musikkonsum: Junge Leute konnten nun mit Kopfhörern unterwegs und zugleich abgeschottet von anderen ihre individuell zusammengestellte Musik hören. Das deutsche Unternehmen *Grundig* kopierte das erfolgreiche Konzept und nannte seinen portablen Kassettenspieler *Beat Boy*.

Portable Musikkassettengeräte *Walkman Sony Sport* und *Grundig Beat Boy* mit Werbeaufkleber, nach 1985

Schallplatte. Als mobiles Gerät ähnlich dem *Walkman* brachte *Sony* 1984 den ersten Discman, den *Sony D-50* auf den Markt.

Die technologischen Entwicklungen der 1980er Jahre markieren auch den Übergang vom Industriezeitalter zum digitalen Informationszeitalter mit seinen neuen Konsumtrends. Waren die ersten digitalen Rechner zunächst nur auf die Datenverarbeitung im wissenschaftlichen und gewerblichen Bereich beschränkt, kamen Anfang der 1980er Jahre massenhaft kleinere Geräte für den privaten Gebrauch auf den Markt, etwa Heimcomputer oder Spielkonsolen. Wenige Jahre später wurde der Computer zu einer Basistechnologie: Haushaltsgeräte, Medienhardware, Autos oder Medizintechnik waren Ende der Dekade mit mikroelektronischen Komponenten ausgestattet.

Doch am Anfang war die Computerkultur vorwiegend eine Spielekultur, zunächst in Form von Arcade-Geräten, großen Spielautomaten meist in öffentlichen Wartezonen oder Spielhallen. 1977 kam dann als eine der ersten mikroprozessorgesteuerten Spielekonsolen für den Heimgebrauch der *Atari VCS* des gleichnamigen US-amerikanischen Herstellers auf den Markt, bald gefolgt vom Nachfolgemodell *Atari 2600* mit riesigem wirtschaftlichen Erfolg: Etwa 40 Millionen Einheiten konnten insgesamt weltweit verkauft werden. *Atari* gab als Zubehör über 130 Spiele auf externen Datenträgern heraus, zudem konnten Spiele von Drittherstellern genutzt werden. Zu den ersten gehörte das Tennisspiel »Pong«, doch das meistverkaufte Videospiel war »Pac Man«, bei dem die kreisrunde Spielfigur Punkte in einem Labyrinth fressen muss, während sie von Gespenstern verfolgt wird. Das Videospiel wurde mit zahlreichen Merchandising-Artikeln vermarktet. Ein anderes, ebenfalls international erfolgreiches Videospiel brachte die japanischen Konkurrenz *Nintendo* 1983 mit »Mario Brothers« (ab 1985 »Super Mario Brothers«) heraus. *Nintendos* größter Erfolg war jedoch eine Hardware-Entwicklung: das mobile Spielgerät *Game Boy*, das 1989 mit dem Spiel »Tetris« auf den Markt kam. Durch die Handlichkeit des *Game Boy*, seine gute Batterielaufzeit sowie eine große Auswahl an hochwertigen Spielen wurde *Nintendo* Weltmarktführer bei sogenannten Handheld-Konsolen, die vor allem bei der jugendlichen Kundschaft beliebt waren.

Spätestens 1983 kam das Geschäft mit Konsolen in starke Konkurrenz durch Computer, auf denen man Software von Diskette laufen lassen konnte, wie den Heimcomputer *Commodore C 64* (8-Bit-Heimcomputer mit 64 KB Arbeitsspeicher) aus den USA. Heimcomputer waren einfache Mikrocomputer für den Privatgebrauch mit einem auf einem ROM-Speicherchip fest installiertem Betriebssystem und einer ins Gehäuse integrierten Tastatur sowie einer Anschlussmöglichkeit an einen Fernseher. Bereits 1983 dominierte der wegen seiner Form auch »Brotkasten« genannte *C 64* den Markt und erreichte insgesamt etwa 3 Millionen verkaufte Exemplare allein in der Bundesrepublik. Für die Heimcomputer wurden jährlich mehrere tausend neue Spiele angeboten; in Deutschland waren Ende der 1980er Jahre bis zu zehntausend verschiedene Spiele lieferbar, die meisten von ihnen »Jump-and-Run-Spiele«, bei denen sich die Spielfigur laufend und springend fortbewegt, sowie Kampf-,

Das 1982 erschienene Modell *Atari 2600* ist eine der ersten mikroprozessorgesteuerten Spielekonsolen für austauschbare Spielmodule. *Atari* gab als Zubehör über 130 Spiele auf externen Datenträgern heraus. Das meistverkaufte Spiel war »Pac Man«, bei dem eine kreisrunde Spielfigur Punkte in einem Labyrinth fressen muss, während sie von Gespenstern verfolgt wird.

Spielkonsole *Atari 2600* in Originalverpackung, 1982, und Videospiel Pac Man

*Apple* gehörte zu den ersten Herstellern von Personal Computern und trug zu ihrer weltweiten Verbreitung bei. Der erste auch wirtschaftlich erfolgreiche PC war der 1984 entwickelte *Macintosh 128k*, benannt nach einer kalifornischen Apfelsorte.

Werbeplakat mit dem Logo der Firma *Apple*, Entwurf Rob Janow, um 1980

Kriegs- und Abschussspiele, gefolgt von Abenteuer-, Fantasy- und Rollenspielen. Auch für die bald steigende Zahl an PC (Personal Computern) gab es eine zunehmende Fülle von Spielen, darunter auch Computerspielversionen als Merchandisingprodukte von Erfolgsfilmen (»Tron« 1982, »Ghostbusters« 1984, »Per Anhalter durch die Galaxis« 1984).[51]

Computerspiele wurden bald zum festen Bestandteil der Popkultur. Ende der 1980er Jahre wiesen bereits 82,5% der Jugendlichen Computerspielerfahrungen auf, die digitalen Spiele sollten für junge Leute zu einer der beliebtesten und wichtigsten Freizeitbeschäftigung werden. Generell waren digital- und medientechnische Entwicklungen fest mit der immer stärker kommerzialisierten Jugendkultur verbunden. Die Konsumgüterindustrie der Elektronikbranche (speziell Unterhaltungselektronik) hielt für diesen Markt nicht nur spezifische und Programme für Jugendliche bereit, sondern setzte auch bei der Technikverbreitung auf die junge Generation und ihre oft intuitive und spielerische Technikkompetenz. Kinder und Jugendliche waren in den Familien die treibende Kraft beim Kauf und der Nutzung der Geräte und erlangten dort bald die Hoheit über deren Installation und Bedienung.

Immer mehr Verbreitung fanden nun auch PC, die bevorzugt von Erwachsenen genutzt wurden. Ihre Hardware bestand aus dem eigentlichen Rechner mit Laufwerk und Speicherkarte und den separaten Peripheriegeräten Monitor, Tastatur und Mouse. Die als Einzelarbeitsplatzgeräte konzipierten Mehrzweckcomputer wurden allmählich Teil der Arbeitskultur. Eine breite Palette an Software bot neben Textverarbeitung und Kalkulationsprogrammen auch Programme für zahlreiche andere gewerbliche Bereiche. Die leichte Bedienbarkeit und der erschwingliche Preis prädestinierten den PC ebenso für viele Zwecke in Privathaushalten. Ende der 1970er Jahre hatte *Apple* die ersten Rechner mit schreibmaschinenähnlicher Tastatur erfolgreich auf den Markt gebracht, 1981 gefolgt von *IBM,* die bis dahin ihr Geschäftsfeld bei Großrechnern hatten: Ihr *IBM PC 5150* war erstmals mit dem neuen Betriebssystem *MS-DOS* von *Microsoft* ausgestattet. Der Erfolg war unerwartet hoch, doch der bisherige Marktführer *Apple* konterte und setzte mit seiner 1984 entwickelten Reihe der *McIntosh*-Rechner, kurz *Mac* genannt, neue Standards (bedienungsfreundlich, menügesteuert, mit einer graphischen Benutzungsoberfläche). Zudem setzte *Apple* im Computergeschäft erstmals eine ausgefeilte Imagewerbung als Marketinginstrument ein. Mit einer mehrere Millionen Dollar teuren Werbekampagne und einem exklusiven Design der technisch hochentwickelten Geräte etablierte *Apple* seine Rechner als prestigeträchtige Konsumprodukte für die besonders anspruchsvolle Kundschaft, die ihre Kennerschaft auf dem Gebiet präsentieren wollten und dafür den hohen Preis akzeptierte. Mit *Apples* Kampagnen wurde die Markenkonkurrenz – gern verpackt als Systemkonkurrenz (*Windows* versus *Mac*) – in der Computerbranche bald auf die Spitze getrieben. Es gab keine Kompatibilität zwischen den Systemen.

## Die Freizeitbranche: künstliche Erlebniswelten in Urlaub, Sport und Spiel

Die Ausweitung des privaten Konsums während der 1980er Jahre ging einher mit der Aufwertung von Freizeit und den persönlichen Gestaltungsspielräumen der Einzelnen außerhalb der Arbeitswelt mit ihren Regeln und Pflichten. Zudem brachten die Tarifabschlüsse den Beschäftigten immer längere Urlaubszeiten, und die Wochenarbeitszeiten wurden reduziert. So wuchs auch der Freizeitkonsum: 1987 wurden je bundesdeutschem Haushalt und Monat 539 DM für Freizeitgüter ausgegeben, davon 24 % für Urlaub (gemeint sind Reisen) und 12 % für Sportveranstaltungen und Sportartikel, 5 % für Spiele und Spielwaren.[52]

Der größte Teil des Freizeitbudgets der bundesdeutschen Haushalte floss in die Urlaubskasse und wurde für Reisen verwendet. »Urlaub, mach mal Urlaub« trällerte die Schlagersängerin Ulla Norden 1981, doch gerade in diesem Jahr verzeichnete die Tourismusbranche erste krisenbedingte Einbrüche, die sich in den Folgejahren fortsetzten, wie *Der Spiegel* konstatierte: »Bislang galten sie als ›Weltmeister im Reisen‹ – doch in der Feriensaison 1983 fahren rund zwei Millionen Westdeutsche weniger in den Urlaub als noch vor drei Jahren. […] Rezession und Arbeitslosigkeit, geringeres Realeinkommen und drastische Preissteigerungen in den meisten Urlaubsgebieten haben den Deutschen trotz immer mehr Freizeit die Lust an den angeblich schönsten Wochen des Jahres nachhaltig vermiest. Die Hälfte der Bundesbürger bleibt zu Hause«.[53]

Doch Mitte der 1980er Jahre war auch im Tourismus die Krise überwunden, und es wurden neue Reisetrends registriert, auf die die Branche umgehend reagierte: »Reiseveranstalter verbuchen Rekordzuwächse. Und diesmal drängt es die Deutschen wieder in Massen nach draußen. Vor allem fliegen möchten sie, als gelte es, mehr Meilen zu schaffen als im vergangenen Jahr auf der Autobahn. Allein auf den Strecken in die Mittelmeerländer mußte TUI die Zahl der Flugplätze um zwölf Prozent erhöhen. […] Die meisten Deutschen zieht es ans warme Wasser: nach Gran Canaria, Teneriffa, Lanzarote oder Mallorca«,[54] hieß es nun. Stark gefragt waren auch andere mediterrane Ziele wie Griechenland und Tunesien, neu dabei waren die Türkei, Zypern und Israel, während Österreich als das bis Anfang der Dekade liebste Ferienziel der Deutschen immer mehr Gäste verlor.

Mit dem Strandurlaub im Süden wurden zwei wichtige Reisemotive bedient: dem grauen Alltag zu entfliehen – der Süden galt quasi als Synonym für den Sommer – und das Entspannen durch Nichtstun. Die Tourismusagenturen erfüllten diese Bedürfnisse seit den 1970er Jahren mit dem Angebot von All-Inclusive-Pauschalreisen in die »Bettenburgen« an mediterranen Stränden mit Sonnengarantie. Ein wachsendes Tourismussegment war der Club-Urlaub, wo in den künstlichen Welten der folkloristischen Ressorts-Architektur von *Club Méditerrané*, *Robinsonclub*, oder *Club Aldiana* eine gesteuerte Rundumunterhaltung der Gäste durch professionelle Animation während des gesamten Tagesablaufs angeboten wurde, Kinderbetreuung inklusive. In den 1980er Jahren

Ein wachsender Urlaubstrend waren Club-Pauschalreisen in geschlossene Ferienressorts am Meer, wo ein Programm von animiertem Sport, Spiel und Party für Geselligkeit und Unterhaltung sorgte. Dabei war der Wunsch nach unverbindlichen Urlaubsbekanntschaften ein wichtiges Urlaubsmotiv, auf das auch das Werbeplakat mit der einsamen Schönen am Strand abzielt.

Werbeplakat für Reiseveranstalter *Club Méditerranée*, 1990

war auch eine massive Expansion von Flugreisen in die Ferne zu beobachten, die auf eine Liberalisierung des Flugverkehrs, technische Innovation und Konzentrationsprozesse in der Reisebranche zurückzuführen ist und die die massentouristischen Entwicklungen in den Destinationen etwa in Südostasien zur Folge hatte.

Gegen Ende der Dekade führten höhere Einkommen zu verändertem Reiseverhalten: Die wohlsituierte Kundschaft mit ihrem Hang zum Luxus- und Geltungskonsum suchte nach neuen prestigeträchtigen Urlaubsformen, die die Touristikanbieter gern in ihr Programm aufnahmen. »Der Massentourismus stagniert – aber Luxusreisen sind gefragt wie noch nie. Zahlungskräftige Bundesbürger buchen, was teuer, exotisch und schick ist. [...] Mehr als eine halbe Million Bundesbürger [...] buchten im letzten Jahr Reisen der Hoch- und Höchstpreis-Kategorie. Und da die Veranstalter damit ihr Geld leichter verdienen als mit dem Verkauf knapp kalkulierter Mallorca-Flüge oder der Vermittlung von Ferienwohnungen, schieben sie ständig neue Luxusangebote nach.«[55]

Auch eine Zunahme von Städtereisen war zu beobachten, und die »Best Ager« (die Altersgruppe der über 50-Jährigen) tauchten auf dem Reisemarkt als wachsende Zielgruppe auf. Die Bundesdeutschen wurden allgemein hinsichtlich ihrer Urlaubswünsche experimentierfreudiger. Ende der 1980er Jahre wollte nur noch ein Viertel der Pauschalurlauber*innen Vollpension haben, stattdessen waren nun Ferienwohnungen und Appartements die bevorzugten Quartiere. Auf der Suche nach dem besonderen Angebot wurden zunehmend Event- oder Motto-Reisen gebucht, denn der Strandurlaub allein genügte nicht mehr. Ein Beispiel für diesen Trend ist die Wiederbelebung des bereits totgesagten Kreuzfahrttourismus, der ab Ende der 1980er Jahre ein Comeback erlebte. Man hatte sich zunächst bei der Reederei *Cunard* auf die exklusiven Transatlantikpassagen der 1920er Jahre besonnen, und setzte die »Queen Elisabeth 2« als schicken Luxusliner zwischen Europa und der neuen Welt ein, wo New York als attraktive Destination lockte. Ihr Erfolg ließ andere Anbieter auf anderen Routen nachziehen, die ihre Schiffe und Programme mit umfangreichen Unterhaltungsangeboten an Bord und bei Landausflügen modernisierten.

Besondere Reiseziele des Luxuskonsums waren New York, das als Shoppingparadies galt, und andere Destinationen in den USA, wo man dem gehobenen American Lifestyle á la »Dallas« und »Denver« nachspüren wollte. Die künstlichen Welten von Las Vegas waren ebenso gefragt wie die berühmten Freizeitparks *Disneyland* in Kalifornien und *Disneyworld* in Florida (ab 1971). Auch andernorts boomten Vergnügungsparks als Urlaubsattraktion: In Schleswig-Holstein wurde 1987 der nur zehn Jahre alte Freizeitpark *Hansaland* mit immer neuen Fahrgeschäften für die erlebnishungrigen Urlauber*innen umfassend modernisiert und in *Hansapark* umbenannt. Zu den imaginierten Erlebniswelten nicht nur für Tourist*innen zählten neben Vergnügungs- und Themenparks auch Erlebnisbäder, spezielle Zoos (Safaripark) oder Shoppingcenter, denen Erlebnisbereiche angegliedert waren. Die Freizeitindustrie schuf immer

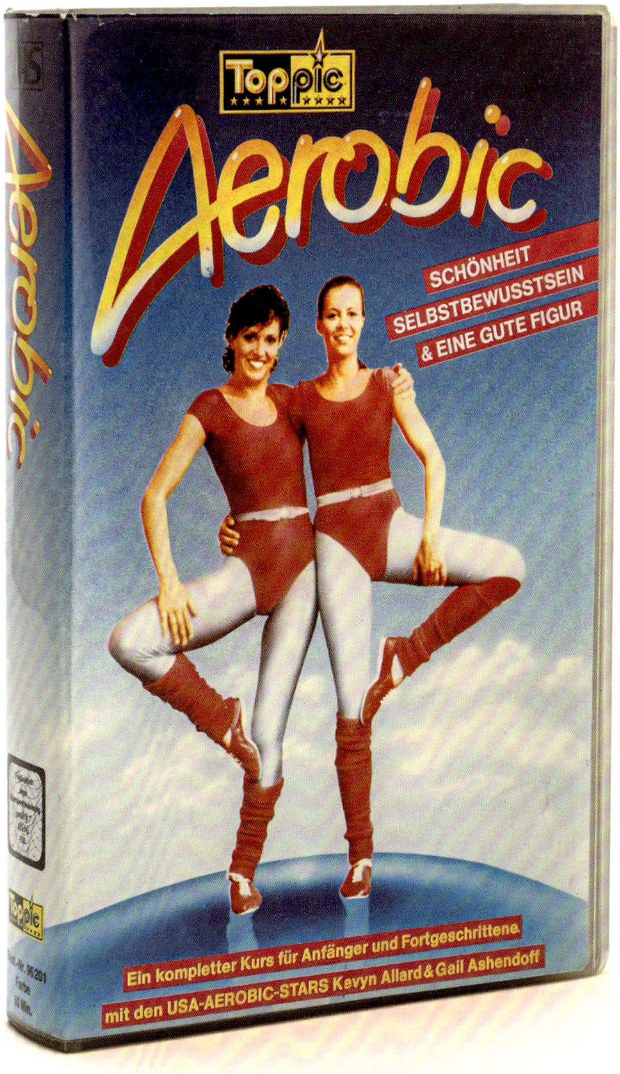


Ab 1982 kam die Trendsportart Aerobic in Mode, gekennzeichnet durch hohe Aktionsgeschwindigkeit und ungewöhnliche Bewegungsabläufe. Vor allem Frauen trafen sich zum gemeinsamen Fitness-Workout bei flotter Musik. Aerobic-Anleitungen für das Training zuhause wurden auch im Fernsehen oder auf Video verbreitet.

Videokassette mit Trainingsanleitung für Aerobic, um 1985

neue Attraktionen und Aktivitäten, in der die Konsumierenden sich und die Welt immer wieder neu erleben konnten.[56] Auch die großen Show- und Musical-Theater, die seit Ende der 1980er Jahren (nach dem Vorbild des Broadways) entstanden, gehörten zu den immer beliebteren kommerziellen Freizeitangeboten. Die weltweiten Trends im öffentlichen Kultur-Unterhaltungsangebot gingen seit Ende der 1980er Jahre hin zu Großevents in arenenartigen Veranstaltungshäusern voll architektonischer Raffinesse und modernster technischer Ausstattung.

Auch der Sport unterlag als Freizeitangebot immer mehr kommerziellen Gesichtspunkten. Sportlichkeit wurde im Sinne des neuen Körperkultes zu einem wichtigen individuellen und identitätsprägenden Imagefaktor, der einerseits durch sportliche Aktivitäten oder Leistung und andererseits durch den Konsum sportiver Produkte – von Sport- und Spielgeräten bis Fitnesscenter-Besuchen und Diät-Kost oder Sportkleidung – erreicht werden konnte. Die international angesagten Sport-Marken *Nike, Adidas oder Puma* waren omnipräsent, sie sponserten Sportler*innen und sogar ganze Wettkampfveranstaltungen und versahen sie mit ihren Labels.

In den 1980er Jahren boomten neue Trendsportarten, die nichts mehr mit dem verstaubten Vereinslebens in miefigen Turnhallen zu tun hatten. Sie waren gekennzeichnet durch hohe Aktionsgeschwindigkeit und ungewöhnliche Bewegungsabläufe.[57] Am augenfälligsten war der ab 1982 einsetzende Aerobic-Boom, den die Schauspielerin Jane Fonda in den USA ausgelöst hatte; sie wollte mit dem neuen Sport durch körperliche Leistungsfähigkeit auch das emanzipatorische Selbstbewusstsein stärken. Vor allem Frauen trafen sich nun zum gemeinsamen Fitness-»Workout« unter Anleitung bei flotter Musik aus dem Recorder. Aerobic-Anleitungen für das Training zu Hause wurden auch medial verbreitet, entweder im Fernsehen oder auf Video. Unbedingt dazu gehörte auch das richtige Outfit: Als Aerobic-Sportkleidung wurden oft grellfarbige Leggings und Tops aus hoch elastischen Kunststofftrikotagen getragen sowie Schweißbänder an Stirn und Armgelenken.

Die Fitnessindustrie, die sich seit den 1970er Jahren von den USA ausgehend verbreitete, etablierte sich in den 1980er auch in Deutschland. Neben zahlreichen kleinen Clubs entstanden bald Großanlagen, wo die Fitnesseinrichtungen durch Wellness- und Spa-Angebote ergänzt wurden. Ein weiterer Trend der 1980er Jahre waren Bräunungsstudios, denn gebräunte Haut war neben Schlankheit und Sportlichkeit ein wichtiger Teil des auf Ästhetik ausgerichteten Körperkults. Die sportliche Leistungsfähigkeit konnte außerdem durch spezielle Nahrungs-Ergänzungsstoffe oder isotonische Sportgetränke (Iso-Drinks) gestärkt werden. Als höchste Form der körperlichen Selbstoptimierung galt das Bodybuilding. Auch dieser Trend war durch ein Vorbild aus den Medien personifiziert: Arnold Schwarzeneggers berühmte »Vakuum-Pose« mit schmaler Taille, muskelbepacktem Oberkörper und falscher Bräune faszinierte weltweit nicht nur Männer.

Die Entwicklung der klassischen Sportarten dagegen stand während der 1980er Jahre oft im Zusammenhang mit dem neuen Luxuskonsum und

Sportlichkeit war ein gefragter identitätsprägender Imagefaktor, der nicht nur durch sportliche Aktivitäten und Leistung, sondern auch durch den Konsum sportiver Produkte – von Sport- und Spielgeräten bis Sportkleidung angesagter Marken – erreicht werden konnte.

Werbeplakat für Sportschuhe der Marke *Reebok*, 1989

dem zelebrierten Lebensstil der britischen Upperclass mit ihrer sportiven Kleidermode wie Poloshirts oder Seglerschuhe. Beliebt wurden bisherige Nischensportarten, bei denen es distinguierter zuging, etwa Golf, Segeln und vor allem Tennis. Nachdem Boris Becker 1985 und 1986 das Wimbledon-Turnier gewonnen hatte und mit Steffi Graf auch noch eine junge Frau international erfolgreich war, erlebte der Tennissport in Deutschland einen ungeahnten Aufschwung. Tennis stand dabei für ein geradezu postmodernes Sportverständnis von individueller Leistungsfähigkeit und Kampfgeist einer Sportelite, während Mannschaftssportarten und allgemeiner Vereins- oder Breitensport weniger angesagt waren. Als Ableitung aus dem Tennissport entstanden für den Freizeitbereich Squash- und Racket-Clubs, die weitgehend kommerziell betrieben wurden: Die Zahl der Squashanlagen (»Squashcenter«) nahm in Deutschland von ungefähr 20 im Jahr 1975 auf nahezu 1.000 im Jahr 1990 zu. Im Segelsportbereich entstand als neuer Trend das Windsurfen, das dem etablierten Yachtsport einen eher jugendlichen California-Spirit entgegensetzte; hier ging es mehr um Lifestylegefühl als um Wettkampf.

Eher spielerische sportliche Freizeitaktivität ebenfalls ohne Wettkampf boten Geräte wie Rollschuhe und Inlineskater, die bei Kindern und Jugendlichen ebenso wie bei sportlichen Erwachsenen beliebt waren. Rollschuhfahren machte Spaß und wurde zum Lifestyletrend, der das Lebensgefühl der 1980er bediente, ging es doch um sportliches Geschick, Geschwindigkeit und Virtuosität. Jugendliche fuhren auf Rollschuhen zur Schule, und es gab sogar »Rollerdiscos«, in denen in Rollschuhen gefeiert und getanzt wurde. Sport und Partymode wurden hier miteinander verbunden. Etwas später kamen die sogenannten *Rollerblades* oder Inliner auf, bei denen die Rollen in Reihe direkt an den Schuh montiert sind. Sie waren ebenso wie Aerobic ein Trend aus den USA, wo der Eishockey-Spieler Scott Olson 1979 die Firma *Rollerblade* gegründet hatte. Oft trafen sich Inlineskater – ausgestattet mit eng anliegendem Sport-Outfit und auffälligen Schutzkappen –, um in Gruppen durch die Straßen zu skaten.

Ein ähnlich spielerisches Sportgerät, auf dem vor allem Jugendliche ihr sportliches Geschick üben und präsentieren konnten, war das BMX-Rad (Bicycle Motocross), das das in den 1970er Jahren beliebte »Bonanza-Rad« ablöste. Es handelt sich um Fahrräder mit 20-Zoll-Laufrädern, die spezielle Tricks und Stunts ermöglichen. Sie kamen ursprünglich aus dem subkulturellen Bereich des Hip Hop, ebenso wie die ersten Skateboards oder Breakdance als Straßensport mit einem völlig neuen Bewegungsrepertoire.

Der Übergang von solchen Sportgeräten zu Spielwaren ist fließend: Viele Spielzeuge sind ebenso wie beim Sport auf persönliche Geschicklichkeit und Schnelligkeit ausgelegt, Ziele sind die individuelle Optimierung und der Spaß an den eigenen Fähigkeiten. Dabei waren die 1980er Jahre die große Zeit der Solitärspiele: Um körperliche beziehungsweise manuelle Geschicklichkeit ging es nicht zuletzt beim Jo Jo, um das Anfang der 1980er Jahre geradezu ein Hype entstand. Das kleine Spielgerät stammt ursprünglich von den Philippinen, doch

Um Geschicklichkeit ging es beim vor allem bei Jugendlichen beliebten Jo Jo, während der Zauberwürfel *Rubrik's Cube* ein eher kognitives Geduldsspiel war. Er wurde 1980 mit dem Sonderpreis Bestes Solitärspiel des Kritikerpreises »Spiel des Jahres« ausgezeichnet.

Spielzeuge Jo Jo (Werbeobjekt des Getränkeherstellers *Fanta*) und Zauberwürfel *Rubrik's Cube*, um 1985

Actionfiguren brachten die Fantasy-Welten aus Animations- und Videofilmen in die Kinderzimmer. Sie waren die gefragtesten Spielzeugproduktionen der 1980er Jahre. Die bunten Kunststofffiguren »He Man«, »Ninja Turtles« oder »Transformers« stellten bestimmte Charaktere der zugehörigen Franchise-Medien dar und standen unter der Lizenz international agierender Produktionsfirmen.

Action-Figuren »He-Man« des Herstellers *Mattel*, 1982–1988, »Transformers« des Herstellers *Hasbro*, 1984, und »Ninja Turtles« des Herstellers *Playmate Toys*, 1989

Die Spielzeuge zeigten starke geschlechtsspezifische Ausrichtungen. Für Mädchen gedacht waren die niedlichen »Little Ponies« mit großen Augen und langer, kämmbarer Mähne oder die *Barbie*puppe, für die ganze Themenspielwelten aus dem Leben »moderner« Frauen auf den Markt kamen – alles aus vorwiegend pinkfarbenem Kunststoff.

Spielfiguren »My Little Pony« des Herstellers *Hasbro*, 1982, und *Barbie*-Schönheitssalon von *Mattel*, 1985 bereits 1929 erwarb die US-amerikanische Firma *Donald F. Duncan* Sr. ein entsprechendes Patent und machte das Spiel durch effiziente Werbemaßnahmen weltweit populär. Es erlebte als Geschicklichkeitsspielzeug während der 1980er Jahre ein Revival und wurde nun auch gerne als Werbemittel genutzt. Kultcharakter hatten die besonders gut austarierten Jo Jos des Getränkeherstellers *Fanta*, der damit sein jugendlich-sportliches Image aufbesserte.

Ein anderes, eher kognitives Geschicklichkeitsspiel war der Zauberwürfel, der zum Inbegriff aller 1980er Jahre-Trends wurde. Er besteht aus drehbaren, ebenfalls würfelförmigen Kunststoffelementen mit Oberflächen in den Farben Weiß, Blau, Rot, Gelb, Orange und Grün und funktioniert wie ein Drehpuzzle. Das mechanische Geduldsspiel wurde 1974 von dem ungarischen Bauingenieur und Architekten Ernő Rubik erfunden und erlangte schnell große Popularität. Ab dem Sommer 1980 war der Zauberwürfel *Rubriks Cube* in der Bundesrepublik im Verkauf erhältlich und wurde noch im gleichen Jahr mit dem Sonderpreis Bestes Solitärspiel des Kritikerpreises »Spiel des Jahres« ausgezeichnet. Schätzungen zufolge wurden etwa 160 Millionen Würfel allein bis zum Höhepunkt des Booms 1982 verkauft.

Auch etliche Computerspiele wurden als Geschicklichkeits-Solitärspiele konzipiert, so das puzzelartige »Tetris«. Es wurde von dem russischen Programmierers Alexei Paschitnow entwickelt, der die erste spielbare Version 1984 auf einem Elektronika-60-Rechner fertigstellte. Ableger des Spiels haben sich bis heute insgesamt über 425 Millionen Mal verkauft haben, sie erschienen für mehr als 65 Computerplattformen und wurden vielfach ausgezeichnet. Das Spiel »Tetris« gehörte Ende der 1980er Jahre zum Lieferumfang der Konsole *Game Boy* von *Nintendo*, die unter anderem durch dieses Spiel so erfolgreich wurde.

Die Entwicklung von Computer- und Videospielen war die wohl wichtigste Innovation im Bereich der Spielzeug- und Freizeitindustrie und revolutionierte die Branche. Im Zusammenhang mit den Medienproduktionen der Actionfilme drangen die künstlichen Welten aus Animations- und Videofilmen auch in die Kinderzimmer und brachten neue Dimensionen des Kinderspiels hervor. Action-Figuren und Merchandising-Figuren wurden zu den gefragtesten Spielzeugprodukten der 1980er Jahre. Dabei gab es starke geschlechtsspezifische Zuweisungen: Die Jungen liebten Actionfiguren von martialischem Aussehen, mit denen sich Kampfszenen darstellen ließen, wie »He Man«, »Ninja Turtles« oder »Transformers«, während die Mädchen die auf niedlich getrimmten »Little Ponies« mit den großen Augen und einer langen, kämmbaren Mähne (ab 1983 hergestellt von *Hasbro*) oder die plüschigen »Monchichies« bevorzugten. Die populären Spielfiguren aus buntem Kunststoff stellten jeweils bestimmte Charaktere aus einer Story der zugehörigen Franchise-Medien wie Comicserien oder Animationsfilme dar. Sie waren Lizenzprodukte international agierender Firmen, etwa des US-Spielzeugherstellers *Mattel*, der die »He Man«-Figuren aus der Serie *Masters of the Univers* von 1982 bis 1988 produzierte und zuvor bereits mit der *Barbie*-Puppe weltweit erfolgreich war. Die verwandelbaren Spielzeugroboter »Transformers« sind ein amerikanisch-japanisches Medien-Franchise, das 1984 von den Spielzeug-Unternehmen *Takara* (Japan) und *Hasbro* (USA) begründet wurde. Beide US-Firmen, *Mattel* und *Hasbro*, wurden zusammen Weltmarktführer auf dem Gebiet von Kunststoff-Spielfiguren und zugehöriger kompletter Spielwelten aus dem Fantasy-Bereich. Viele dieser Spielzeuge waren preiswert in Fernost hergestellte und weltweit vermarktete Massenprodukte ohne pädagogische Ansprüche. Mit ihnen vollzog sich ein mentaler Wechsel im Spielwarenkonsum weg von den traditionellen Weltbildern, wie sie die konventionellen Puppen, Spielzeugautos und Technikbausätze transportierten, hin zu den irrealen Narrativen der Medienwelt mit ihrem eingängigen Gut-Böse-Schema.

Auf die Konkurrenz dieser neuen Spielwelten reagierten auch die etablierten Hersteller wie *Lego* oder *Playmobil*, die nun anstelle von einfachen Bausätzen ebenfalls abenteuerliche Themenspielsets anboten etwa Ritterburgen und Piratenschiffe (*Playmobil* 1985). Auch der *Barbie*-Hersteller *Mattel* beschränkte sich nicht mehr auf die Puppe und ihre modische Wechselgarderobe, sondern verkaufte nun ganze Themen-Spielwelten aus dem Leben »moderner« Frauen: *Barbie* bekam ein Ferienhaus, ein Wohnmobil oder besuchte einen Schönheitssalon – alles aus vorwiegend pinkfarbenem Kunststoff.

Veränderungen zeichneten sich ebenfalls am Spielwareneinzelhandel ab: Spielzeug wurde bisher traditionell in Fachgeschäften oder Fachabteilungen der Kaufhäuser verkauft, doch 1986 kam der Spielwarendiscounters *Toy R Us* (1948 in den USA gegründet) nach Deutschland und begann, in den großen Städten riesige Einzelhandelsgeschäfte aufzubauen. »Sie sind je 4200 Quadratmeter groß und führen ständig ein Sortiment von 18000 verschiedenen Artikeln. Etwa eine halbe Million Einzelstücke stehen in jedem Fachmarkt für die Kundschaft bereit – 2500 Puppen, 1000 Fahrräder, 18000 Spielautos, 12000 Weichtiere, 36000 Kinderbücher, 50000 Action-Figuren, 15000 Züge, Rennbahnen und Spiele, 20000 Sport- und Bastelsachen .... Ein Dutzend Läden ist bis Ende 1988 geplant. Im Endausbau soll die Bundesrepublik flächendeckend mit einem Netz von 50 Märkten überzogen sein.«[58]

Das Plakat in postmoderner grafischer Auffassung und bunten Farben brachte einen Designklassiker in die Gegenwart der 1980er Jahre: den Stuhl »Follia« des Architekten Giuseppe Terragni von 1934. Er war über Jahrzehnte ein Zugpferd der italienischen Möbelmarke *Zanotta*, die später mit etlichen Mitgliedern der Memphis-Gruppe zusammenarbeitete.

Werbeplakat für den Möbelhersteller *Zanotta*, 1983

## Die Designbranche: postmoderne Gestaltungsideen

Die 1980er Jahre brachten auch neue Formen des Wohnens und Bauens einschließlich der damit zusammenhängenden Konsumgüter wie Möbel und Wohn- und Küchenaccessoires hervor. Doch insgesamt war der Bauboom der Nachkriegszeit vorbei, der Bestand an Wohngebäuden stagnierte. Die meisten Haushalte waren vollständig eingerichtet, so dass der Bedarf an Mobiliar sank; lediglich die technische Ausstattung der Wohnungen wurde durch neue Geräte ergänzt. Dennoch gab es revolutionäre Neu- und Weiterentwicklungen in Architektur und Design, deren Konsumprodukte dazu dienten, einem individualistischen Lifestyle Ausdruck zu geben.

Zunächst handelte es sich bei den neuen gestalterischen Ansätzen der 1980er Jahre um eine Abkehr vom Funktionalismus des »international Style« und von den als technokratisch empfundenen Designlösungen der Ulmer Schule (»Die gute Form«) unter dem Leitsatz »Form follows Funktion«. Der postmoderne Baustil arbeitete dagegen gern mit historischen Zitaten und kombinierte Neubauten und moderne Materialien wie Stahl und Glas mit klassischen Architekturelementen, etwa Säulen, Gesimsen und verbindenden Querbalken – oft waren sie in einer technisch modernen Ausführung nur auf die Fassade appliziert –, nahm aber auch ironische Anleihen am Kitsch. Das »Everything-Goes« dieses Design-Allerleis bemängelte die Fachkritik als Beliebigkeit und reaktionären, eklektizistischen Historismus.[59] Gegen Ende der 1980er Jahre entstand als weitere Architektur-Stilrichtung der Dekonstruktivismus mit stilistischen Bezug auf den analytischen Kubismus und Futurismus: Die innere, funktionale Logik der Gebäude sollte aufgebrochen und stattdessen die aufeinanderfolgende Planungsstadien des Bauwerks sichtbar gemacht werden und sich räumlich überlagern. Im Designprozess wurde gefordert, Gesamtsysteme wie die Kommunikationsebene von Objekten und zwischenmenschlichen Beziehungen zu berücksichtigen (Semantikdesign).

Auch die Designergruppe »Memphis«, die mit der Ausstellung ihrer ersten Kollektion im September 1981 in Mailand international Furore machte, wollte den Zusammenhang von Design und Gesellschaft neu definieren. Zu ihnen gehörten renommierte Künstler und Künstlerinnen wie Ettore Sottsass, Barbara Radice, Michele de Lucchi, Matteo Thum, Michael Graves, Hans Hollein, Alessandro Mendini und andere. Ihre in jeder Hinsicht unkonventionellen und radikal innovativen Entwürfe von Möbeln, Lampen und Wohnaccessoires waren bunt, schrill und schräg und faszinierten das Publikum. Sie griffen Elemente aus den unterschiedlichsten kulturellen Kontexten auf, kombinierten, überhöhten und ironisierten sie und interpretierten die Alltagsformen in positiver, lustvoller und phantasievoller Weise um. Es gab Kombinationen unterschiedlichster Materialien und Oberflächen – Holz, Metall, buntes Laminat, Lack, Textil, Spiegelflächen – und aggressive Muster aus Zacken und Punkten, Hahnentritt und Pop-Art, Leopardenfell und Zebrastreifen. Die einzelnen, additiv zusammengefügten Möbelelemente hatten vielfältige

*Olivetti Synthesis* war seit 1930 eine Unterabteilung des italienischen Bürogeräteherstellers *Olivetti* und seit 1978 eine selbstständige Firma. Sie bot von Beginn an moderne Designlösungen im Büromöbelbereich an, wie das 1986 von Ettore Sottsass entwickelte System *Delphos*.

Werbeplakat für Büromöbel *Olivetti Delphos*, 1986

und fantasievolle Formen; so waren die Möbelfüße auf den Kopf gestellte Kegel, abgeknickte drahtartige Beine, Kugeln, gekippte Würfel, Räder oder dicke Quader. Es gab anthropomorphe oder zoomorphe Anklänge ebenso wie architektonische Elemente, etwa Türmchen und Fenster oder Verfremdungen durch gewollte Schieflagen von Elementen und Objekten.

Individuelle künstlerische Entwürfe zeichneten diese anti-funktionelle Designbewegung aus. Die Entwerfenden wollte nicht mehr in der industriellen Massenproduktion verschwinden, sondern als namhafter Schöpfer*innen der Kreationen sichtbar werden, so dass auch die in Serie gefertigten Produkte oft ihr aufgedrucktes Signet trugen. Diesem neuen Postulat des individuell Unkonventionellen folgte auch das anwendungsgemäße Industriedesign, und der Übergang zwischen Kunstobjekt und praktischem Wohnaccessoire wurde fließend. Viele Entwürfe wurden nur in kleiner Auflage als teure Sammlerstücke produziert oder direkt in die Designmuseen übernommen. Ausgefallene Designobjekte galten in den 1980er Jahren beim Publikum als Zeichen edlen Geschmacks und waren als Luxuskonsumgüter entsprechend hochpreisig.

Es waren vor allem die renommierten Produktionsfirmen, die die postmodernen Entwürfe in Serie und in den Verkauf brachten, etwa die Möbelfirma *Vitra*, die ihr spektakuläres neues Hauptgebäude in Weil am Rhein von Frank Gehry 1989 im dekonstruktivistischen Stil bauen ließ. Für neue Möbelformen steht auch der italienische Hersteller von internationalen Designklassikern *Zanotta*, der etwa mit dem Sitzmöbel *Tonietta* 1985 von Enzo Mari oder der Kommode *Mombasa* 1989 von Ettore Sottsass Furore machte. Italien und insbesondere die Stadt Mailand, die bereits als Modemetropole einen Namen hatte, entwickelte sich mit der Memphis-Bewegung zum Zentrum modernen Designs.

Herausragend bei der Umsetzung postmoderner Entwürfe war das 1921 gegründete italienische Designunternehmen *Alessi*, das Haushaltswaren im gehobenen Segment herstellte. Es erlangte einen Platz an der Weltspitze des Gebrauchsdesign, nachdem 1979 der Memphis-Mitbegründer Alessandro Mendini Designberater des Unternehmens wurde. Zeitgleich entstanden limitierte Auflagen von signierten Serien international bekannter Designer und Architekten wie Ettore Sottsass und Richard Sapper. Herausragende Designobjekte aus der *Alessi*-Produktion der 1980er Jahre, die zu Klassikern wurden, sind die Wasserkessel von Michael Graves (1985) und Richard Sapper (1983) oder die Zitruspresse »Juicy Salif« von Philippe Starck (1989). Die unkonventionelle Zitruspresse – einer organischen Skulptur auf drei Beinen ähnlich – entwickelte der Künstler als semantisches Objekt, während die Wasserkessel auf geometrischen Figuren wie Kegel, Zylinder oder Halbkugel basieren und mit unerwartet ironischen Details arbeiten. Die skandinavische Design-Antwort auf die italienischen Entwürfe lieferte das dänische Unternehmen *Bodum* (seit 1974 mit Hauptsitz in der Schweiz) mit dem 1986 vom Carsten Jørgensen entworfenen Kessel »Ottoni«. Auch der Haushaltswarenhersteller *WMF* setzte mit seinen Edelstahlobjekten auf das neue international gefragte Design. Matteo Thun aus Italien, der Japaner Makio

Das italienische Unternehmen *Alessi* erlangte mit der Umsetzung postmoderner Entwürfe einen Platz an der Weltspitze des Gebrauchsdesigns. Herausragende Objekte sind die Wasserkessel von Richard Sapper und Michael Graves. Ihnen folgte als skandinavische Design-Antwort der vom Carsten Jørgensen entworfenen Kessel »Ottoni« des Unternehmens *Bodum*.

Teekessel der Marken *Alessi* und *Bodum* (links)

1982 schuf die amerikanische Keramikerin Dorothy Hafner die Form »Flash« für die Studio-Linie von *Rosenthal*, deren Dekor-Serie »Flash One« von 1985 schnell Kultcharakter bekam. Das asymmetrisch geformte Porzellan mit buntem Dekor aus unterschiedlich gestalteten, handgezeichneten Mustern, Streifen, Punkten und Blitzen wirkt gewollt zufällig.

Geschirrteile der Serie »Flash One« von *Rosenthal*, 1985

Hasuike, Pierre Cardin aus Frankreich, der Däne Ole Palsby oder der Spanier Josep Lluscá sind nur einige der Designer, die die Produkte von *WMF* maßgeblich beeinflussten.

Auch die vorwiegend bürgerliche Kundschaft der traditionsreichen Porzellanmanufakturen zeigte sich dem postmodernen Design aufgeschlossen, zumal mit dem Kauf einer neuen Geschirrserie eine Wertanlage verbunden war. Zur klassischen Tischkultur gehörten Ess- und Kaffeeservice mit zahlreichen festgelegten Geschirrteilen in oft generationenalten Dekors. Mit den neuen, freieren Lebensformen der 1970er Jahre begannen sich auch die Tischsitten aufzulösen, und die hauswirtschaftliche Ausstattung der Wohnungen verlor an Bedeutung. Doch mit dem Angebot von Geschirrserien in ganz neuem Design konnten die Hersteller dem Auflösungstrend gegensteuern. So etwa die 1879 in Selb (Fichtelgebirge) gegründete Manufaktur *Rosenthal*, die sich schon 1960 mit der Eröffnung eines Studiohauses in Nürnberg dem moderneren Design verschrieben hatte. 1982 schuf die amerikanische Keramikerin und Glaskünstlerin Dorothy Hafner die Form »Flash« für die *Studio-Linie* von *Rosenthal*, deren Dekor-Serie »Flash One« von 1985 bei Geschirrenthusiasten schnell Kultcharakter bekam. Das asymmetrisch geformte Porzellan visualisiert die Abkehr von der nüchternen Ästhetik der 1970er Jahre. Sein buntes Dekor aus unterschiedlich gestalteten, handgezeichneten Mustern, Streifen, Punkten und Blitzen wirkt unstrukturiert und gewollt zufällig.

Neben den renommierten Firmen hatte sich seit den 1970er Jahren ein Anbieter im unteren Preissegment etabliert, der zugleich auf junges, unkonventionelles Design setzte: das schwedische Möbelhaus *Ikea*. Das international agierende Unternehmen entwickelte ein völlig neues Betriebskonzept: Es setzte auf eine eigene weltweite Produktionskette an preiswerten Produktionsstandorten und schuf mit seinem Eigensortiment eine in sich geschlossene Warenwelt mit einem herausragenden Markenimage. 1974 eröffnete der erste *Ikea*-Komplex in Deutschland vor den Toren Münchens, 1987 war das Möbelhaus bereits 18mal mit seinen weitläufigen Filialen hierzulande vertreten. Von Anfang an arbeitete *Ikea* mit namhaften Designern an einem Sortiment, das den Zeitgeist einfing und dabei neue Trends konsequent bediente. Hatte man in den 1960er Jahren mit Kunststoffmöbeln experimentiert und in den 1970ern mit schlichen skandinavischen Kiefernholzmöbeln im Selbstbausatz der aufkommenden Umweltschutzidee Rechnung getragen, so setzte man in den 1980ern auf einen Mix aus bunter Postmoderne im Memphis-Style und neuem Minimalismus. Beispielsweise entwarf Ettore Sottsas als Gastdesigner von *Ikea Netherlands* eine Serie kleiner Lampen namens *Stoja*, bei der geometrische, farbige Holzelemente mit milchig-weißen Kunststoffkegeln kombiniert waren. Minimalistisch war der quadratische monochrome Beistelltisch *Lack* (ab 1979), der ebenso zum Verkaufsschlager wurde wie das Regal *Billy* aus kunststoffbeschichteten Spanplatten in Weiß oder Schwarz. Es wurde bereits 1978 von dem schwedischen Designer Gillis Lundgren entwickelt und sollte das ebenfalls millionenfach verkaufte Kiefernholzmodell *Ivar* ablösen.

Auf junges, unkonventionelles Design setzte auch das schwedische Möbelhaus *Ikea*. Sein relativ preiswertes Sortiment kommunizierte es als komplette Wohnwelten in gedruckten Katalogen in extrem hoher Auflage.

Titelblatt des *Ikea*-Katalogs 1988

# Ein lokales Beispiel

## Die Einkaufsstadt Kiel wird zum Shoppingparadies

Die globalen Prozesse bei Marketing und Warenproduktion sowie das veränderte Konsumverhalten in den 1980er Jahren wurden auch auf lokaler Ebene spürbar und forderten die Akteur*innen vor Ort ebenfalls zu innovativem Handeln heraus. Am Beispiel der schleswig-holsteinischen Landeshauptstadt Kiel zeigt sich, wie Kommunalpolitik, Stadtplanung und stationärer Einzelhandel mitsamt seiner Kundschaft auf die Entwicklungen reagieren.

Kiel war am Beginn der 1980er Jahre »oberzentrales Versorgungszentrum für ganz Schleswig-Holstein«[60] und besaß mit einem Einzugsgebiet von etwa 690.000 Menschen eine wichtige Funktion als Einkaufsstadt. Doch schon etwa hundert Jahre früher hatte sich die Fördestadt als bedeutender Werftindustrie-Standort zur modernen Großstadt entwickelt, in der über hunderttausend Menschen versorgt werden mussten. So war vom Altstadtkern ausgehend eine innenstädtische Einkaufs- und Geschäftszone entstanden, die sich rund um den Markt mit dem gotischen Rathaus und südlich daran anschließend entlang der Holstenstraße bis zum 1899 neu errichteten Bahnhof hinzog.[61] Große, bis zu fünfgeschossige Geschäftshäuser wie das Kaufhaus *Karstadt* am Alten Markt (1883 eröffnet), lokale Handelshäuser, unterschiedlichste Läden mit Schaufensterauslagen sowie Hotels, Büro- und Kontorhäuser im Wilhelminischen Stil oder später im Jugendstil prägten vor dem Ersten Weltkrieg dieses Quartier. In den 1920er und 30er Jahren hatte die Einkaufsmeile bereits einige architektonische Neuerungen erfahren wie etwa das Geschäftshaus an der Ecke zur Holstenbrücke (Architekt Ernst Stoffers, 1930 eröffnet), in dem die Filialen des Schuhgeschäftes *Salamande*r und des Kaufhausunternehmens *Woolworth* untergebracht waren. Nach der nahezu kompletten Zerstörung der Kieler Innenstadt im Zweiten Weltkrieg sah die städtebauliche Neukonzeption den modernen

Als »Einkaufsstadt unter einem Dach« bezeichneten die Kieler Nachrichten das 1982 umgebaute Kaufhaus *Weipert*. Das Konzept einer überdachten Einkaufspassage mit verschiedenen einzelnen Geschäften war hier in der Vertikalen realisiert und wurde auch 1983 bei der weiteren Umstrukturierung des *Neuen Weipert* beibehalten.

Eröffnung des *Neuen Weipert*, Kieler Nachrichten vom 23.9.1983, Foto Jan Köhler-Kaeß

Wiederaufbau eines Geschäftszentrums vor, das die zentrale Versorgungsfunktion der Region wieder übernehmen sollte.[62] Die Projektierungen des Stadtplanungsamtes sahen eine langgezogene Einkaufsstraße mit unterschiedlichen Geschäftshäusern vor – im oberen Bereich der Holstenstraße mit mehrgeschossiger und im unteren Bereich mit flacherer Bebauung –, gegliedert durch einige markante höhere Gebäude. Viele alteingesessene Geschäfte zogen wieder in die Neubauten ein, durchmischt von Neuansiedlungen, die der Boom der Wirtschaftswunderzeit angelockt hatte. Der Wiederaufbau erfolgte bis etwa Mitte der 1960er Jahre, erfuhr aber anlässlich der Austragung der olympischen Segelwettbewerbe in Kiel 1972 noch einmal neue architektonische Impulse. Als weiteres Kaufhaus entstand *Hertie* als fünfstöckiger Bau südlich des Holstenplatzes, mit dem es auf Höhe der ersten Etage durch eine offene Rolltreppenanlage und Fußgängerbrücke über die Straße Ziegelteich hinweg verbunden war. So ergab sich eine Passage, der sogenannte Holstentörn, die durch das Kaufhaus hindurch und mit einer weiteren Fußgängerbrücke als Verbindung zum ZOB (Zentraler Omnibus Bahnhof) und zum Bahnhof diente. Weitgehend ausgeschlossen von der Neuplanung waren die südlich an das Kaufhaus anschließenden Bereiche des Bahnhofsviertels, wo am linksseitigen Sophienblatt bis in die 1980er Jahre hinein die Geschäfte in provisorisch hergerichteten Kriegsruinen untergebracht waren; lediglich mit dem Bau des Raiffeisenhauses (1952–1953, Architekten Christoffersen, Frehse, Klingmann) war hier gegenüber dem Hauptbahnhof ein Entreegebäude des modernen Kiel entstanden. Neben der eigentlichen Innenstadt hatten sich andere Einkaufsbereiche entwickelt, etwa in der belebten Holtenauer Straße, an deren Eingang am Dreiecksplatz seit 1965 das Kaufhaus *Horten* Kundschaft lockte, oder in Gaarden auf dem Ostufer der Förde, wo rund um den zentralen Vinetaplatz verschiedenste Geschäfte, etwa das Textilhaus *Stahl & Stiller*, den Stadtteil versorgten.

Anfang der 1970er Jahre war hinsichtlich der Standortentwicklung ein Status quo erreicht, auf den die Kieler Bevölkerung durchaus stolz war und mit dem man sich gern als Olympiastadt präsentierte. Dennoch gab es bereits ab Mitte der Dekade massive Unzufriedenheiten mit der Situation in der Einkaufsstadt Kiel. Auf Seiten der Kundschaft war es ein eher atmosphärisches Unbehagen, das sich auf die zunehmend als unwirtlich empfundene moderne Innenstadtarchitektur bezog. Beim Einzelhandel waren es geschäftliche Einbrüche, die nicht nur der aufkommenden Wirtschaftskrise geschuldet waren, sondern auch der Konkurrenzsituation, denn auf der grünen Wiese hatten sich Einkaufszentren als neue Formen des Einzelhandels angesiedelt, die Kaufkraft aus der Innenstadt abzogen. »Für den Raum der Landeshauptstadt Kiel ist damit der aus den Fugen geratene Nebenstandort ›Raisdorf‹ angesprochen. Auch die Erweiterung des Plaza Warenhauses an der Peripherie der Stadt hat mit dieser Entwicklung zu tun.«[63] Beide Standorte – der SB-Verbrauchermarkt *Plaza* mit rund 10.000 m² Verkaufsfläche und der *Ostseepark Raisdorf* mit 20.000 m² (Stand 1980) – waren ausgesprochen autogerecht und kamen den neuen Einkaufsbedürfnissen entgegen. Neben dem

*Divi*-Verbrauchermarkt (ab 1973, später *Real*, dann *Rewe*) entwickelte sich hier ein großes Fachmarktzentrum mit einem modernen und vielfältigen Angebot, oft Filialen von Handelsketten im günstigen Discountbereich: Mode, Handwerk, Möbel, Elektronik, Automobile; das Angebot vergrößerte sich Jahr für Jahr.

In dieser Situation diskutierte man in der Kieler Kommunalpolitik sowie in Kreisen des Einzelhandels über den Neubau eines innenstädtischen Einkaufszentrums in Bahnhofsnähe, wo das »Sanierungsgebiet Süd« seit Kriegsende auf grundsätzliche städtebauliche Lösungen wartete. Grundlage waren der Generalverkehrsplan von 1977 und der Bebauungsplan Nr. 631 von 1981, der eine Erweiterung des Sophienblattes vorsah, und eine Flächensanierung mit Neubebauung zwischen Lerchen- und Herzog-Friedrich-Straße. Der Wohnungsbaukonzern *Neue Heimat* hatte hier seit 1969 Grundstücke aufgekauft, um neue Wohnungen, Läden, Büros und ein Hotel zu errichten. Im südlichen Bereich dieses Areals plante der Konzern *Stinnes Baupartner* auf städtischem Grund ein Geschäftszentrum.

1980 legten die Kieler Architekten Baade und Petersen eine Projektstudie für dieses Vorhaben unter dem Arbeitstitel *Holstengalerie* vor, dem eine Standortanalyse über die Potentiale des Kieler Einzelhandels und seines Einzugsgebietes zugrunde lag. Das Bruttoinlandsprodukt der Kieler Wohnbevölkerung lag demnach 1980 mit 21.200 DM pro Kopf gut 40 % über dem Landesdurchschnitt (Neumünster: 17.500 DM, Kreis Rendsburg-Eckernförde 13.250 DM), und auch die Kaufkraft pro Kopf und Jahr war mit 5.810 DM in Kiel überdurchschnittlich hoch. Daraus errechnete die Studie eine einzelhandelsrelevante Gesamtnachfrage von 3.394 Millionen DM im Kieler City-Einzugsbereich. Zur Studie gehörte auch eine Kundenbefragung, die ergab, dass es sich bei den in der Kieler Innenstadt gekauften Waren zu 50 % um Kleidung und Textilien handelte, außerdem Schuhe (11 %), Lebensmittel/Delikatessen (9 %) und Möbel (7 %). Die Kundschaft beurteilte die Kieler Einkaufsmöglichkeiten als gut bis mittel, bei jungen Leuten fiel das Urteil etwas schlechter aus. Bemängelt wurden das Fehlen eines höherwertigen Warenangebotes, aber vor allem die ungemütliche Atmosphäre, etwa fehlendes Grün, zu wenig Restaurants und Cafés. 17 % der Befragten äußerten, dass in Kiel »zu wenig los sei«, bei den Jugendlichen vertraten sogar 52 % diese Meinung. Alle gaben an, gern nach Hamburg zum Shoppen zu fahren, und zwar nicht nur um Bestimmtes zu kaufen, sondern als Ausflug, denn Einkaufen wurde mehr und mehr als Event gesehen. Als Wünsche zur Verbesserung der Kieler Situation gaben knapp die Hälfte der Befragten an, in Kiel sollten mehr Ladenpassagen gebaut werden, außerdem wurden mehr und andere Mode- und Textilgeschäfte gewünscht.[64]

Folgerichtig sah das Grundsatzprogramm der Investoren für die geplante *Holstengalerie* »Ladenflächen für gehobenes Warenangebot« vor und eine »architektonische Gesamtgestaltung, die dem gehobenen Warenangebot gerecht wird und darüber hinaus den Erlebniswert optimal unterstützt.« Die in der Befragung geäußerten Mängel in der Kieler Innenstadt sollten »durch Passagengestaltung, Optik und Besatz ausgeglichen werden.« Ein

Branchenmix sollte neben den Geschäften, einem Hotel und Arztpraxen auch »Einrichtungen für Freizeit, Sport und Gesundheit (Kino, Bowlingbahn, Sauna, Massage usw.)« umfassen, außerdem »Aktionsflächen für Veranstaltungen auch außerhalb der Geschäftszeiten«.[65] Eine gute Verkehrsanbindung durch den Bahnhof war bereits vorhanden, außerdem wurde ein neues Parkhaus geplant. Das Baukonzept der *Holstengalerie* sah ein Bauwerk mit Gelenkfunktion zwischen den mit Fußgängerbrücken verbundenen Bereichen Holstenstraße und Bahnhof vor, Kernstück war ein »Aktionszentrum« in Form eines dreigeschossigen Kuppelbaus. Gleichzeitig waren ein Umbau des *Hostentörns* und die Anbindung ans Kaufhaus Hertie geplant. 1980 stellte der Investor *Stinnes* sein Projekt *Holstengalerie* in einer »Testanzeige« in den Kieler Nachrichten vor, um mögliche Einzelhandelsinteressenten zu sondieren. »Bringen Sie ihr Geschäft in die richtige Lage!« hieß es dort.[66]»In der Landeshauptstadt Kiel entsteht, als Entree zur Fußgängerzone, ein geschlossenes mehrfunktionales Geschäfts-Center. Geschäftslokale, Boutiken, Gastronomie, Hotel«.

Doch noch schien Kiel nicht bereit für ein solches Projekt, die lokalen Kaufleute fürchteten Konkurrenz, und die anhaltende Wirtschaftskrise stoppte den Elan aller Beteiligten. Während die Realisierung des Großprojektes im Süden der Innenstadt auf sich warten ließ, begannen die Immobilienbesitzenden und Geschäftsleute an der Holstenstraße die dortige Situation mit Modernisierungen zu verbessern. Sie standen unter Handlungsdruck, denn viele waren in wirtschaftliche Bedrängnis geraten. Konventionelle Sortimente der Traditionshäuser wurden immer weniger nachgefragt, und sie gaben nach und nach ihre Geschäfte auf.

Die erste große Modernisierung kam mit dem Komplettumbau des *Ahlmann*-Geschäftshauses Holstenbrücke 1–5, in dem das *Merkur*-Einrichtungshaus Mieter war.[67] Der Umbau wurde 1980 durch Schnittger Architekten, Kiel, vorgenommen: Auffällige Fassadenapplikationen gaben der Architektur einen postmodernen Anklang: »Durch die Verwendung von im Kieler Stadtbild bereits vorhandenen Materialien wie Sandstein kombiniert mit spiegelndem Sonnenschutzglas, die gestalterisch geschickt durch leuchtendrote Rohrkonstruktionen im Vordach und an den Werkträgern zusammengebunden wurden, entstand ein lebhaft-reizvoller Blickfang«, so die *Kieler Nachrichten* anlässlich der Wiedereröffnung.[68] Wichtigster Neumieter war die Fastfood-Kette *McDonald's* mit einem großen SB-Restaurant direkt gegenüber der belebten Bus- und Straßenbahnhaltestelle. Vor allem das junge Kieler Publikum nahm das preiswerte Angebot an Pommes, Burgern und Softdrinks gerne an. In den benachbarten Bauteil mit seinen Stahlrohr-Arkaden zogen die *Tip Top*-Reinigung und in die anschließende kurze Passage zur Holstenstraße eine Filiale des Kaufhauses *Quelle* mit technischem Gerät, ein Lampenstudio, ein Juwelier und der große Shop eines *Jeans Supermarktes*. Als weitere Hauptmieterin zog 1981 die Stadtbücherei ein.

Auch im Kaufhaus *Weipert* auf der gegenüberliegenden Straßenseite (Holstenstraße, Ecke Bootshafen) hatte es Veränderungen gegeben: Das 1950 in richtungsweisender Nachkriegsarchitektur

Die Holstenstraße war Kiels wichtigste Einkaufsstraße. Mitte der 1980er Jahre lockten hier zahlreiche Filialen überregionaler Handelsketten mit ihren Eigenmarken die Kundschaft. Neben der Textilkette *New Yorker* gab es das Schuhgeschäft *Salamander*, den Musikhandel *WOM*, die Optikerkette *Fielmann* und das Kaufhaus *Der Neue Weipert* mit weiteren Filialgeschäften.

Blick in die Holstenstraße mit dem Geschäft *New Yorker*, 1987 (StAK 71.683) mit einer transparenten Treppenhausfassade (Architekten Schnittger, Lucas, Belami) errichtete Kaufhaus war nach mehreren betrieblichen Umstrukturierungen, Erweiterungen, Umbauten, Krisen und letztendlich Einbindung verschiedener Geschäftspartner (*Weipert*, Pelzhaus *Breede*, Bekleidungsgeschäft *Hartung* sowie Textilhandel *Leopold*) in den 1970er Jahren zu einem der größten Textil-Kaufhäuser Norddeutschlands gewachsen.[69] 1980 betrug die Verkaufsfläche 10.000 m². Im Erdgeschoss befand sich eine Ladenzeile mit kleineren Geschäften für den täglichen Bedarf wie Bäckerei, Schlachterei, Zeitschriftenladen sowie ein Juwelier und ein Reisebüro; eine große Rolltreppenanlage beförderte die Kundschaft von dort in die oberen Etagen zu den Textilfachgeschäften. Eine besondere Attraktion war seit 1974 eine Gondelbahn über den Bootshafen zum *Weipert*-Parkhaus. Doch weitere Neuerungen waren geplant und wirtschaftlich nötig, denn die konventionellen Textilläden kamen immer mehr in Bedrängnis, so hatte *Leopold* sein Geschäft bereits aufgegeben und seine Immobilienanteile am Bootshafen an *Weipert* verkauft. Neue Mieter mit modernen Geschäftsideen sollten gewonnen werden. Im Oktober 1981 berichteten die *Kieler Nachrichten*, dass ein Umbau bevorstünde, der dem Haus einen »Hauch von American Style«[70] geben würde. Ein Jahr später wurde die »Einkaufsstadt« eröffnet, zu deren architektonischen Attraktionen ein nach oben offener Lichthof mit »gläsernem Auge« und einer gläsernen Fahrstuhlanlage gehörten – quasi eine vertikale Einkaufspassage. Während in den oberen Etagen weiterhin die traditionellen Textilabteilungen untergebracht waren, wurde die Ladenzeile in eine »Schlemmermeile« umgewandelt, und andere modernere Geschäfte für junges Publikum wie ein Jeansladen (*Jean Pascale*) oder das neu gegründete Musikgeschäft *WOM* zogen ein. *World of Music* hielt ein Selbstbedienungsangebot an Tonträgern aller Art vor; die Kundschaft konnte sich die ausgewählten Platten oder CDs vorspielen lassen, und so wurde das hippe Musikgeschäft bald zum Treffpunkt musikbegeisterter junger Leute. Aus dieser erfolgreichen Kieler Geschäftsneugründung entwickelte sich schnell eine Ladenkette mit Filialen an sieben deutschen Standorten, ab 1985 wurde monatlich das redaktionell betreute *WOM* Journal veröffentlicht, das in den *WOM*-Filialen kostenlos auslag und sich »Deutschlands meistgelesene Musikzeitschrift« nannte. 1987 übernahm die *Hertie Waren- und Kaufhaus GmbH* 50 % der Anteile und verwendete die Marke *WOM* für die Musikabteilungen ihrer Kaufhäuser.

Überall in der Kieler Innenstadt zogen die Filialisten neu entstandener Handelsketten als Gewinn versprechende Mieter der Geschäftsimmobilien ein; die meisten von ihnen waren erst Mitte der 1970er Jahre als kleine Geschäfte gegründet worden waren. Teilweise waren die Newcomer nur kurzlebig, andere erwiesen sich sogar überregional als sehr erfolgreich. Im Erdgeschoss neben der Schlemmermeile des *Weipert*-Hauses hatte der Optiker *Fielmann* 1982 »sein erstes Super-Center, ein Optik-Fachgeschäft neuer Dimension mit 7.000 Brillen« eröffnet[71]. Die 1971 mit einem ersten Geschäft in Cuxhaven gegründete Kette expandierte in ganz Deutschland, seit *Fielmann* 1981 mit den

Gemäß dem Leitsatz »Wind und Wellen« wurde der Europaplatz 1988 mit granitgepflasterten Steinwällen und einer Brunnenanlage ausgestattet. Drei Pavillons mit auffällig geschwungenen Dächern auf Stahlrohrträgern nahmen Gastronomie (*McDonald's*) und trendige kleine Läden auf wie die Sportmode-Kette *Jump*, deren Auslage bunte Shirts, Leggins und Aerobic-Trikots zeigte.

Pavillon mit Sportgeschäft *Jump* auf dem Europaplatz, 1988 (StAK 71.759)

Krankenkassen eine Regelung zum Angebot von modernen Brillengestellen ohne Zuzahlung ausgehandelt hatte; nicht zuletzt die Fernsehwerbekampagne mit dem Ohrwurm-Slogan »Mein Papi hat keinen Pfennig dazu bezahlt!« von 1985 sorgte für den wirtschaftlichen Durchbruch der Optikerkette. Für die etwas abgelegenen *Weipert*-Mietflächen am Bootshafen (ehemals *Leopold*) wurde dagegen lange nach Interessenten gesucht, 1983 zog schließlich ein Geschäft der Erotik-Kette *Beate Uhse* ein. Ein paar Hausnummern weiter in der Holstenstraße, im ehemaligen Mode- und Textilgeschäft *Hartung*, siedelte sich die Kette *New Yorker* für »Young Fashion« an. Sie war 1971 von jungen Geschäftsleuten in Flensburg gegründet worden und verfolgte bald auch die Produktion eines Eigensortimentes an Jeans und Sportsware.

Während die neuen Ketten florierten, hatten sich die Umbauten für die Firma *Weipert* selbst als nicht lohnend erwiesen: Sie ging 1983 in Konkurs, und ehemalige Mitarbeitende übernahmen unter dem Namen *Der Neue Weipert* das Textilgeschäft in den beiden oberen Etagen, während eine Investorengruppe aus Kieler Geschäftsleuten die Immobilie erwarb und sie erneut umbauen ließ. Hinter der neuen Fassade mit dem ebenfalls neuen Namen *Förde Einkaufszentrum*, kurz *FEZ*, blieben die meisten Mietparteien erhalten, neu hinzu kamen wiederum Kettenfilialen wie der Blumendiscounter *Blume 2000* (mit einem Selbstbedienungskonzept für Schnittblumen, 1974 in Norderstedt geründet) und die finnische Bekleidungskette *Seppälä* für jugendliche Mode (Jeans und T-Shirts) mit ihrer ersten deutschen Filiale.[72] Doch auch das *FEZ* war nur kurze Zeit erfolgreich, denn *Der Neue Weipert* als Hauptmieter ging 1992 in Konkurs; es folgten Leerstände und 1998 ein weiterer Komplettumbau zum Einkaufszentrum *Leik*.

Auf der anderen Seite des Bootshafens erfolgte 1987 ein Umbau des ehemaligen *Siemens*hauses zur Modernisierung und Erweiterung der Kieler *C&A*-Filiale um gut 1.000 m².[73] Das Bekleidungskaufhaus hatte als Reaktion auf die neuen Textilketten Eigenmarken wie *Your sixth sense* oder *Vision* herausgebracht und wollte diese Sortimente auf der neuen Fläche präsentieren. Zugleich wurde im Erdgeschoss eine »Markthalle« mit kleinen Bistros und Lebensmittelhändlern integriert sowie einem Geschäft für Alkoholika, das an diesem Standort in der Nähe des Fähranlegers auf Kundschaft aus Skandinavien abzielte. Auch dieser Einrichtung war kein langfristiger Erfolg beschieden.

Nicht nur die Geschäfte sollten den neuen Konsumwünschen angepasst werden, auch die Architektur und die Möblierung der Holstenstraße sollten freundlicher werden, um mehr Aufenthaltsqualität für ein positives Shoppingerlebnis zu schaffen. Die Straße zwischen den hohen Geschäftshäusern war zugig und kalt und galt als gestalterisch nicht mehr zeitgemäß, die *Kieler Nachrichten* bezeichneten sie sogar als »Kaufstrich«.[74] Als architektonisch gelungen wurde lediglich der angrenzende Asmus-Bremer-Platz empfunden, der 1982 mit postmodern-verspielten Elementen wie Bodenwellen im Granitpflaster, einem kleinen Wasserlauf und einer Bank mit dem Denkmal des Alt-Bürgermeisters Bremer umgestaltet worden war. Für die Holstenstraße selbst startete die

Mit der Besetzung der historischen Bauten am Sophienblatt ab Dezember 1980 sollte deren Abbruch für den Neubau des Einkaufszentrums verhindert und für den Erhalt von Wohnraum gekämpft werden. Die Räumung und der Abriss der letzten besetzten Häuser in dem Areal erfolgten erst im Juni 1983, der Neubau wurde fünf Jahre später eröffnet.

Hausbesetzung des alten Sophienhofes, Kieler Nachrichten vom 4.12.1980, Foto Jan Köhler-Kaeß

»Fördergemeinschaft lebendiges Kiel e.V.« aus Geschäftsleuten und Anwohnenden 1984 eine Initiative zur Umgestaltung und präsentierte die Pläne einer Außenmöblierung (Entwurf Axel Beyling) mit maritimen und Kiel-typischen Elementen: Masten – weiße Gestänge und Stahlträger, die wie ein Dach wirken – mit bunten Fahnen, moderne Lampen, sechs Meter lange Sitzecken in Bootsform mit Begrünung. Die fliegenden Händler auf der Holstenstraße sollten ansprechend gestaltete feste Pavillons erhalten, und ins Pflaster eingelassen werden sollten bis zu 500 bronzene Reliefplatten mit der Darstellung von Kieler Sprotten. 1986 war Baubeginn des mit über 2 Millionen DM veranschlagten Vorhabens, bis 1988 sollte es fertig sein. Doch es brachte nicht den gewünschten Erfolg, die obere Holstenstraße blieb kalt und ungemütlich. Auch eine immer wieder diskutierte Komplettüberdachung der Einkaufsstraße konnte nicht realisiert werden.

Auch an anderer Stelle entschloss man sich zur Umgestaltung der zumeist als Parkplätze genutzten Freiflächen: Der zur Kieler Woche 1978 in Europaplatz umbenannte Ostseehallenvorplatz wurde unter dem Leitsatz »Wind und Wellen« mit granitgepflasterten Steinwällen und einer Brunnenanlage ausgestattet (Entwurf Carsten Brockstedt und Ernst Discher). Drei Pavillons mit auffällig geschwungenen Dächern (Architekt Thomas Hansen) nahmen kleine Läden und Gastronomie (*McDonald's*) auf. Umbauten sollten auch das Einkaufen in der Holtenauer Straße attraktiver machen. Ab 1988 bekamen die *Arkaden am Dreiecksplatz* Glasüberdachungen, so dass die Kundschaft auch bei schlechtem Wetter hier flanieren konnte. Ein Bodenbelag aus rötlich schimmernden Granitplatten gab der neuen Passage einen hochwertigen Charakter.

Während all dieser Jahre war das Projekt *Holstengalerie* zwischen dem Kaufhaus *Hertie* und dem Bahnhof nur langsam vorangegangen, mehrere Hindernisse und Probleme sorgten für Aufschub: Im Dezember 1980 waren Hausbesetzer*innen in den zum Abbruch vorgesehenen Gebäudekomplex Sophienhof, ein ehemals prächtiger Jugendstilbau von 1904, eingezogen; wenig später wurde auch das historische Eckhaus an der Herzog-Friedrich-Straße besetzt sowie Gebäude in der Lerchenstraße. Mit ihrer Aktion wandten sich die Besetzer*innen gegen Wohnungsnot, Mietwucher und Immobilienspekulation, sie kritisierten aber auch die Pläne für das neue Einkaufszentrum: Keinen »Platz für weitere Einkaufsmaschine und Versicherungspaläste« forderten sie in einem Flugblatt ihrer *Initiative Schöner Wohnen* und verwiesen darauf, dass die Planungen völlig veraltet seien und von »grundverkehrter Einschätzung der wirtschaftlichen Entwicklungen« ausgingen.[75] Die jungen Hausbesetzer*innen richteten die teilweise verfallenen Wohnungen wieder her und probierten sich dort mehr als zwei Jahre lang in alternativen Wohn- und Lebensformen aus. Zuspruch zum Erhalt der Häuser erhielten sie auch von Seiten engagierter Kunsthistoriker*innen, die auf den Denkmalwert der historischen Gebäude verwiesen. Doch eine Unterschutzstellung konnte das Denkmalamt mit Verweis auf die bereits rechtskräftigen Baupläne nicht vornehmen. Lediglich ein Teil des historischen Fassadendekors wurde sichergestellt: zwei Sphinx-Figuren aus Sandstein, die später in die neue Architektur integriert werden sollten. Die Investoren drängten auf ein Ende der illegalen Hausbesetzungsaktion und den Abriss der Gebäude, und als es immer wieder zu Zusammenstößen mit der Polizei kam, fiel in der Ratsversammlung am 21. Juli 1983 der Beschluss zur Räumung und zum Abbruch des Sophienhofes. Noch einmal demonstrierten 500 meist junge Leute,[76] doch am 23. Juli erfolgte die planmäßige Sprengung innerhalb nur weniger Minuten, schnell wurde der Schutt abgefahren und das Gelände für die Neubebauung vorbereitet.

Doch kaum war der Bau in Angriff genommen, wurden Probleme auf Seiten der Investoren deutlich: Die *Neue Heimat* hatte ihre Anteile an das niederländische Unternehmen *Wilma* abgegeben, und die *Stinnes GmbH* verwies auf Verzögerungen bei der Projektfinanzierung aufgrund allgemeiner Unsicherheiten bei Großinvestitionen sowohl im Gewerbe- als auch im Wohnungsbau. Im Dezember 1984 verkündete auch sie ihren Ausstieg aus dem Projekt und die Übergabe an die *Wilma*, die jetzt als Investor für das gesamte Projekt auftrat. Allerdings hatte sich kein Interessent für den halbfertigen Hotelbau gefunden, woraufhin die Stadt notgedrungen einsprang und in den Räumen ein Kulturzentrum plante, getreu der Idee, dass sich Kultur und Kommerz gegenseitig befruchteten.

Um das Vorhaben abzusichern, hatte die *Wilma* 1986 eine erneute Potentialanalyse vorgelegt[77], nun mit weit positiveren Ergebnissen und mehr Zuspruch vonseiten der Kaufleute wie auch vonseiten der Kundschaft, denn seit Mitte der 1980er Jahre hatte sich das Wirtschaftsklima wesentlich verbessert und die Konsumbereitschaft war allgemein gestiegen. Vor diesem Hintergrund ergab die neue Befragung von April 1985 gegenüber den Befunden vom November 1980 eine noch schlechtere Durchschnittsnote für die bisher bestehenden Einkaufsmöglichkeiten in der Kieler Innenstadt. Vermisst wurden von 43 % der Befragten (gegenüber 32 % im Jahr 1980) Geschäfte »die etwas Ausgefallenes und Exklusives bieten«, worin sich deutlich der Trend zum Luxuskonsum zeigte, auch die Kritik an der »mangelnden Atmosphäre« war noch stärker geworden (90 % zu vorher 65 %), 30 % der Befragten bemängelten die unschöne Architektur. Jede*r zweite der Kieler Innenstadtbesucher*innen gab an, öfter oder gelegentlich nach Hamburg zum Shoppen zu fahren, dort liebte man vor allem die neuen Einkaufspassagen.

Die Investoren und die Stadt waren nun überzeugt, dass das Konzept der Shopping Mall als inszenierte Einkaufswelt auch in Kiel funktionieren würde: Erste Abschlüsse mit namhaften Interessenten als passende Mieter hatte die *Wilma* zu diesem Zeitpunkt 1986 schon gemacht oder vorbereitet (*Benetton, Görtz, Kaisers, P&C, H&M, Schaulandt*).[78] Nun wurden die Architekturpläne im postmodernen Stil umgesetzt. Die Außenwände wurden in rotem Backstein gestaltet, und an der Außenfassade gegenüber dem Bahnhof prangten die Jugendstil-Sphinxe vom Dachdekor des alten Sophienhofes. Hier hatte man im Straßenbereich auch die Bushaltestellen mit Überdachungen großzügig neu gestaltet. Die zweigeschossige Passagenkonstruktion selbst bestand aus kräftigen Pfeilern

Postmoderne, klar gegliederte und symmetrisch angelegte Architekturelemente wie Rundbögen, Säulen in hellen Farben, ausgewählte Accessoires oder gläserne Fassadenelemente kombiniert mit frischen Grünpflanzen prägten das vom Kieler Architekturbüros Jürgen Bade entworfene Einkaufszentrum *Sophienhof*. Sie sollten eine ruhige, freundliche Einkaufsatmosphäre schaffen.

Eingangsarchitektur des *Sophienhofs*, 1989, Foto Otto Flagge (StAK 86.427) und Riegeln aus hellem Granit, die ein gläsernes Tonnendach trugen, der Boden war in passendem Naturstein gehalten. Im Zentrum überspannte eine Glaskuppel beide Geschosse. Das Glasdach und viele verspiegelte Flächen gaben innen ein sonniges Flair, freundlich wirkten Ruhe- und Grünzonen mit Bänken und Bäumchen. Nach Entwürfen des Kieler Architekturbüros Jürgen Bade waren bis Februar 1988 zwei Geschäftskomplexe geschaffen worden[79]: Der für 8 Millionen DM errichtete beziehungsweise umgebaute *Holstentörn* mit 22 Geschäften auf 5.500 m² Verkaufsfläche verband nun das *Hertie*-Warenhaus mit dem neuen Einkaufszentrum, das nach einer weiteren Bürgerbefragung den Namen *Sophienhof* erhielt. Hier waren 22.000 m² Handelsfläche mit 80 Läden für Geschäfte mit unterschiedlichen Zuschnitten und Ausstattungen sowie eine insgesamt 1,1 Kilometer lange vorwiegend innenliegende Schaufensterfläche geschaffen worden, zusätzlich 84 Drei- und Zwei-Zimmerwohnungen und 6.000 m² Fläche für das neue Kulturzentrum sowie Praxen und Büros (als Hauptmieter *Siemens Kommunikations- und Ausbildungszentrum*), außerdem ein Parkhaus und eine Tiefgarage für 960 Wagen. Das eingesetzte Centermanagement, das von nun an für den reibungslosen Betrieb und eine ansprechende Einkaufsatmosphäre verantwortlich war, hatte mit seiner Mieterauswahl einen umfassenden Branchenmix getroffen. Zusammen mit der Firma *Hertie*, die für den *Holstentörn* zuständig war, gelang es, gut einhundert Geschäfte neu zu eröffnen. Am 3. März 1988 wurde das Einkaufszentrum *Sophienhof* offiziell eingeweiht: Mit einem symbolischen Schlüssel öffnete die Kieler Stadtpräsidentin der zahlreich wartenden Kundschaft die Tür. Schon am ersten Verkaufstag strömten geschätzte 100.000 Menschen durch die neue Shoppingmall, und die *Kieler Nachrichten* titelten: »Die Verkaufsmaschine ist angesprungen«.[80]

Kundenmagneten waren sofort die Neuzugänge der großen Kettenfilialen, die die überwiegende Zahl der Geschäfte im *Sophienhof* ausmachte.[81] Als spektakulär empfand die Kieler Kundschaft die Eröffnung eines *H&M*-Geschäftes auf zwei Etagen. Es war die achtzehnte Filiale des schwedischen Unternehmens in Deutschland, die erste war 1980 im Hamburger Hanseviertel eröffnet worden. Angeboten wurde ein in allen Filialen gleiches, aber sehr reichhaltiges Eigensortiment aus top-modischer Bekleidung und Accessoires für Damen, Herren und Kinder im unteren bis mittleren Preissegment. Das größte Geschäft im *Sophienhof* war mit über 5.000 m² auf drei Geschossen eine Filiale von *Peek & Cloppenburg* mit einem höherwertigen Sortiment an Damen, Herren- und Kinderkleidung, dazu gab es »Exquisitabteilungen« mit Eigensortimenten. Das 1912 in Hamburg gegründeten Textilhandelsunternehmen war seit den 1970er Jahren zur Kette mit zahlreichen Filialen vor allem in größeren norddeutschen Städten ausgebaut worden. Auch der Textil-Einzelhändler *Jaeger & Mirow,* ebenfalls aus Hamburg, setzte mit seiner sechsten Filiale im *Sophienhof* auf etwa 350 Quadratmetern Fläche Konzepte fort, die sich schon im *Alstereinkaufszentrum* bewährt hatte: Wäsche, Strümpfe Bademoden sowie Damenoberbekleidung und Strickwaren. Das Hamburger Schuhhaus *Görtz*, das seit 1980 die eigene Schuhmodemarke *Belmondo* vertrieb, präsentierte

Zum Einweihungstag der neuen Shoppingmall am 3. März 1988 war es gelungen, rund hundert neue Geschäfte gleichzeitig zu eröffnen. Noch am gleichen Tag strömten etwa hunderttausend begeisterte Menschen durch die Einkaufspassage, und die Presse jubelte: »Die Verkaufsmaschine ist angesprungen«.

*Sophienhof:* Innenansicht der Passage am Eröffnungstag 3.3.1988 (StAK 96.186) sich im *Sophienhof* mit besonderer innenarchitektonischer Ausstattung. »Sanfte Braun- und Beigetöne verbreiten eine harmonische Atmosphäre die Schuhe werden optimal auf Glastischen präsentiert, 14 Mitarbeiter umsorgen die Kundschaft, die unter 18.500 Paar modischen Schuhen wählen kann.«[82]

Auch die meisten kleineren Geschäfte zählten zur Bekleidungs- und Modebranche: Die neue Freizeitmode gab es bei *Camps* (Laden für Junge Leute, mit T-Shirts), *Champion* (Sport- und Freizeitmode, in der Dekoration eine *Harley-Davidson*), *Surf City Kiel* (jugendliche Strand- und Freizeitmode) und *Bienefeld* (Sport- und Freizeitkleidung), während gehobene Damenmode bei *Ursula Aust* angeboten wurde, *Caprice* und *Berger* präsentierten Mode aus Italien, und *Noblesse* hatte Dessous, Strümpfe, Bademoden im Angebot. Der französische Kindermodemacher *Jacadi* kam mit seiner 300. Filiale nach Kiel, und hochwertige Herrenmode gab es bei *Nicolas Scholz* und in *Christoph's* edel ausgestattetem Laden. Ebenso elegant war das Schuhangebot bei *Andiamo Boos* und *Jump*. Andere Lederwaren, exklusive Koffer und Taschen präsentierten *Leder Klockmann* und *Franco Francesco*. Auch Schmuck war in unterschiedlichen Preislagen vertreten (*Creation* Modeschmuck, Juwelier *Weiß*, *Knappe* Uhrengeschäft) sowie Kosmetika bei Parfümerie *Aurel* und im *Body Shop* (Kette für Naturkosmetik in Nachfüllflaschen) sowie in *Schmidts Drogeriemarkt* (Markenparfümerie mit Discoutpreisen).[83]

Auch Ketten anderer Branchen faszinierten das Kieler Publikum, etwa das 2.400 m² große Filialgeschäft in zwei Geschossen der Handelskette für Unterhaltungselektronik *Schaulandt* am Südende der Passage. Über seinem Eingang prangten weiße Gespenster auf schwarzem Grund als Markenzeichen der Kette, und als Gespenster verkleidetes Personal verteilte am Eröffnungstag Prospekte und Gimmicks. In einer ganzseitigen Werbeannonce in den *Kieler Nachrichten* präsentierte *Schaulandt* sein Angebot: Fernseher, VHS-Rekorder, CD-Player. Im Geschäft waren 80 CD-Geräte im Dauerbetrieb, wo die Kundschaft eigenständig und ohne personelle Betreuung gewünschte Musiktitel hören konnte.[84] Direkt darunter im Erdgeschoss befand sich die Filiale der 1972 in Oldenburg gegründeten Kette *Nanu-Nana* mit preiswerten Wohnaccessoires wie Kerzen, künstlichen Blumen und Geschenkartikeln und nicht weit davon entfernt die Hamburger Konkurrenz-Kette *Eins, Zwei, Drei* ebenfalls mit Geschenkartikeln und »Ideen für den Wohnbedarf«. Weiterer Branchenmix war gewährleistet durch die Spielzeuggeschäfte *Schönfelder* mit Holzspielzeug und Drachen (besonderes in Mode: Lenkdrachen) und *Stofftiergarten* mit Teddybären und Plüschtieren. Auch eine Buchhandlung war vertreten (*Blickwinkel*), es gab ein Copy-Center (*Plan Team Nord*) und eine Filiale des Fotogeschäftes *Dose*, das Geschäft *ELRAS* für Elektro- und andere Rasierapparate, einen Optiker der Kette *Ruhnke* und Geschäfte ganz anderer Branchen wie das Reisebüro *Menzel Tours* mit Schwerpunkt Portugal, Marokko und »exotische« Länder.

Außerdem hatten einige bekannte Kieler Läden im *Sophienhof* Filialen aufgemacht, um auch hier die Kundenströme zu erreichen, so das Schuhgeschäft *Heinrich* oder das Fachgeschäft für Damenstrümpfe *Goos*, das bereits vorher im Sophienblatt ansässig war und jetzt mit der Abteilung *Miss G*, die jüngere und dennoch anspruchsvolle Kundschaft anlocken wollte. *Der Neue Weipert* eröffnete in der Hoffnung auf mehr Laufkundschaft im Erdgeschoss neben dem Haupteingang ein 120 m² großes Geschäft mit einem höherpreisigen Sortiment und einem Bestick-Service für Wäsche. Der Familienbetrieb *Blumen Köhler* eröffnete ein Geschäft unweit der Konkurrenz *Blume 2000*, die bereits mit einer Filiale im *FEZ* ansässig war. Mit dem Kieler Traditionsgeschäft *Knutzen* zog sogar eine Zoohandlung ins neue Einkaufszentrum. Für die nötigen finanziellen Mittel zum Einkauf im *Sophienhof* sorgte die *Kieler Spar- und Leihkasse* in einer neuartigen SB-Geschäftsstelle – ein »wegweisender Schritt in die Zukunft«[85], so die *Kieler Nachrichten*. In der vollelektronischen und kameraüberwachten Einrichtung ohne Personal gab es zwei Geldausgabeautomaten, einen Tag- und Nachttresor und einen Sortenwechsler speziell für skandinavische Währungen, und demnächst sollte noch ein Kontoauszugsdrucker installiert werden.

Auch das gastronomische Angebot im *Sophienhof* war vielfältig: Zentral unter der großen Glaskuppel lag das *Café Engelchen* als moderne, nach den Seiten hin offene Kaffeehausvariante, und am südlichen Ende der Passage befand sich das Selbstbedienungsrestaurant der zum *Hertie*-Konzern gehörenden Kette *Le Buffet* mit 386 Sitzplätzen in sechs verschiedenen Gastro-Bereichen von der Schlemmerkate bis zum Bistro. Die Fischrestaurantkette *Nordsee* bot maritime Gerichte zum Mitnehmen und Sofortverzehr an, und beim Imbissrestaurant *Pizza World* gab es Pizzastücke auf die Hand. Auch Kneipen waren vertreten, wie der rustikale *I-Punkt* und der *Bierbrunnen*. Es gab drei verschiedene kioskartige Geschäfte mit Zeitschriften und Tabakwaren, außerdem eine Apotheke und als Dienstleister den Kieler Frisör *Klinck* mit seinen Geschäften *Klinck Classic* und *Family-Klinck*. Lebensmittel wurden in verschiedenen Läden, Verkaufsständen oder Snackbars verkauft: Es gab die Fleischerei *Ehmcke*, die *Holsteiner Diele* mit Obst, Gemüse und einem Saftausschank, die Fisch-Snackbar *Delikatessa Marina*, die *Stadtbäckerei Lange* mit »warmem Tresen«, das *10-Länder Käse*-Geschäft, *Hussel* und *Arko* mit Schokolade, Süßigkeiten und Kaffeeausschank und das Eiscafe *Veneto*.

Der *Sophienhof* war von Anfang an wirtschaftlich sehr erfolgreich und strahlte auf andere Kieler Einkaufsstandorte aus. Seit seiner Eröffnung galt auch die angrenzende Fußgängerzone als bevorzugte Lage und lockte neue Geschäfte an. Inzwischen gehörte es zum Betriebskonzept der großen Ketten, die jeweiligen Standorte mit mehreren nur geringfügig unterschiedlichen Filialen zu besetzen. So hieß es im März 1992, *Benetton* wolle als drittes Geschäft in Kiel am Bootshafen einen »Superstore« für sein gesamtes Sortiment mit Kleidung, Schuhen und Accessoires eröffnen.[86] Im gleichen Jahr erfolgte der Totalumbau des ehemaligen Modehauses *Rohlfs* für die Modekette *Appelrath & Cüppers* (exquisite Damenmode, 2.300 m² auf zwei Etagen). Wenige Monate später kündigte die Presse erneute Veränderungen im Innenstadt-Einzelhandel an: »Nach New Yorker, Benetton und H&M wollen nun auch Jean Pascale, Orsay und Hallhuber groß an der preiswerten Mode für junge Leute verdienen.«[87] Der Einzelhandels-Boom hielt noch bis weit in die 1990er Jahre hinein an, und 1999, nur gut zehn Jahre nach seiner Eröffnung, wurde eine Erweiterung des Einkaufszentrums *Sophienhof* um etwa 15.000 m² Verkaufsfläche angekündigt. Kiel war damit für viele Jahre zum Shoppingparadies auch für das Umland geworden.

Doch der allgemeine »Kaufrausch«, der Mitte der 1980er Jahre mit verlockenden neuen Warensortimenten und Vertriebsformen des Einzelhandels eingesetzt und die Kundschaft mobilisiert hatte, führte auf der lokalen Ebene zu einem Verdrängungswettkampf durch steigende Mieten, dem viele Traditionsgeschäfte zum Opfer fielen. Auch in Kiel war die Innenstadt bald großflächig geprägt durch die überall gleichen Filialen internationaler Ketten mit ihren einheitlichen Sortimenten aus Mode oder Unterhaltungstechnik. Die schnelllebigen kommerziellen Welten lösten auf lange Sicht die Hoffnung von Kommunalpolitik und Stadtplanung auf eine Verbesserung der Aufenthalts- und Lebensqualität des Quartiers nicht ein, sondern führten zu dessen Verödung und den Verlust regionaler Identitäten.

Bunte Aufkleber mit Werbebildchen oder Markenlogos waren unkonventionelle Werbemittel, die die Kundschaft selbst verbreitete: Vor allem Kinder und Jugendliche klebten sie als Bekenntnis zur eigenen Lieblingsmarke auf Möbel, Taschen oder andere Gegenstände. Auch viele in der Kieler Innenstadt ansässige Geschäfte und Handelsketten gaben die beliebten Klebebilder heraus.

Aufkleber von Kieler Geschäften in den 1980er Jahren (Holstenstraße)

# Anmerkungen

1 Vgl. Beck, Ulrich: Risikogesellschaft. Auf dem Weg in eine andere Moderne, Frankfurt am Main 1986.

2 Vgl. Balzer, Jens: High Energy. Die Achtziger – das pulsierende Jahrzehnt, Berlin 2021.

3 Vgl. Baacke, Dieter, Heitmeyer, Wilhelm (Hg.): Neue Widersprüche. Jugendliche in den achtziger Jahren. Weinheim, München 1985.

4 Thomsen, Cristian W. (Hg.): Einleitung, in: (Ders.): Aufbruch in die Neunziger. Ideen, Entwicklungen, Perspektiven der achtziger Jahre, Köln 1991, S. 7–27, hier S. 7.

5 Ebenda.

6 Faulstich, Werner: Überblick: Wirtschaftliche, politische und soziale Eckdaten des Jahrzehnts; in: Ders. (Hg.): Die Kultur der achtziger Jahre, München 2005, S. 7–21, hier S. 18.

7 Vgl. Knop, Karin: Zwischen Campari-Kunstwelten und Reisen ins Marlboro-Land; in: Faulstich (Hg.): Die Kultur der achtziger Jahre, S. 209–230, hier S. 209.

8 Vgl. Fabian, Sina: Boom in der Krise. Konsum, Tourismus, Autofahren in Westdeutschland und Großbritannien 1970–1990, Göttingen 2016, S. 109.

9 Gasteiger, Nepomuk: Konsum und Gesellschaft. Werbung, Konsumkritik und Verbraucherschutz in der Bundesrepublik der 1960er- und 1970er-Jahre (=Zeithistorische Forschungen/Studies in Contemporary History 1 [2009]), S. 35–57, hier S. 35.

10 Der Spiegel 48/1986, Titelblatt.

11 Der Spiegel 37/1980.

12 Vgl. hierzu Fabian: Boom in der Krise.

13 Regierungserklärung Helmut Kohl am 13. Oktober 1982, https://dserver.bundestag.de/btp/09/09121.pdf (27.2.2024).

14 Bührer, Werner: Wirtschaftliche Entwicklung in der Bundesrepublik, 4.4.2002, https://www.bpb.de/shop/zeitschriften/izpb/deutschland-in-den-70er-80er-jahren-270/9748/wirtschaftliche-entwicklung-in-der-bundesrepublik/ (19.1.2024).

15 Faulstich, Werner: Überblick: Wirtschaftliche, politische und soziale Eckdaten des Jahrzehnts; in: Ders. (Hg.): Die Kultur der achtziger Jahre, S. 7–21, hier S. 9.

16 Die wirtschaftliche Lage in der Bundesrepublik Deutschland – Monatsbericht Januar 1988, https://www.bundesregierung.de/breg-de/service/bulletin/die-wirtschaftliche-lage-in-der-bundesrepublik-deutschland-monatsbericht-januar-1988-784950/ (19.1.2024).

17 Vgl. Statistisches Bundesamt (Hg.): Datenreport 1989. Zahlen und Fakten über die Bundesrepublik Deutschland, Bonn 1989, S. 369–372.

18 Vgl. Gröppel, Andrea: Erlebnisstrategien im Einzelhandel. Analyse der Zielgruppen, der Ladengestaltung und der Warenpräsentation zur Vermittlung von Einkaufserlebnissen, Heidelberg 1991.

19 Statistisches Bundesamt (Hg.): Datenreport 1989, S. 283.

20 Ebenda, S. 281.

21 Kai-Uwe Hellmann: Soziologie des Shopping: Zur Einführung, in: Ders., Schrage, Dominik (Hg.): Das Management des Kunden. Studie zur Soziologie des Shopping, Wiesbaden 2005, S. 7–36, hier S. 7.

22 Wehrheim, Jan (Hg.): Shopping Malls. Interdisziplinäre Betrachtungen eines neuen Raumtyps, Wiesbaden 2007.

23 Vgl. Stihler, Ariane: Die Entstehung des modernen Konsums. Darstellung und Erklärungsansätze, Berlin 1998.

24 Vgl. Schmidt, Siegfried J., Sinofzik, Detlev, Spieß, Brigitte: Wo lassen Sie leben? Kulturfaktor Werbung – Entwicklungen und Trends der 1980er Jahre, in: Thomsen (Hg.): Aufbruch in die Neunziger, S. 142–170, hier S. 153.

25 Vgl. Schulze, Gerhard: Die Erlebnisgesellschaft. Kultursoziologie der Gegenwart, Frankfurt a. M. 1992.

26 Vgl. Hölscher, Barbara: Das Denken in Zielgruppen. Über die Beziehung zwischen Marketing, Werbung und Lebensstilforschung; in: Willems, Herbert (Hg.): Die Gesellschaft der Werbung, Opladen 2002, S. 481–496.

27 Vgl. Hellmann: Fetische des Konsums.

28 Vgl. Schmidt, Sinofzik, Spieß: Wo lassen Sie leben?, in: Thomsen (Hg.): Aufbruch in die Neunziger, S. 142–170.

29 Welsch, Wolfgang: Unsere postmoderne Moderne, Weinheim 1988, S. 80.

30 Vgl. Der Spiegel 41/1989.

31 Knop: Zwischen Campari-Kunstwelten und Reisen ins Marlboro-Land, in: Faulstich (Hg.): Die Kultur der achtziger Jahre, S. 209–230, hier S. 214.

32 Vgl. Schmidt, Sinofzik, Spieß: Wo lassen Sie leben?, in: Thomsen (Hg.): Aufbruch in die Neunziger, S. 142–170, hier S. 223.

33 Spiekermann, Uwe: Künstliche Kost. Ernährung in Deutschland, 1840-heute, Göttingen 2018, besonders S. 723–756.

34 Der Spiegel 20/1984.

35 Der Spiegel 37/1989.

36 Dr.-Oetker-Schul-Kochbuch. Das Original, Redaktion Gisela Knutzen, Bielefeld 1987.

37 Der Spiegel 37/1989.

38 Lehnert, Gertrud: Geschichte der Mode im 20. Jahrhundert, Köln 2000, S. 90.

39 Vgl. Gühlert, Hans Christian: Strukturwandel des Textileinzelhandels in der Bundesrepublik Deutschland, Münster 1990, S. 33.

40 Greuger, Matthias: Die Vertikalisierung der Textilwirtschaft durch Handelsmarken-Produktdesignteams, Shop-in-Shop- und Concession-Konzepte, Köln 2002, S. 14.

41 Ebenda, S. 12.

42 Zu den folgenden Ausführungen zur Modegeschichte in diesem Kapitel: Lehnert: Geschichte der Mode im 20. Jahrhundert.

43 Statistisches Bundesamt (Hg.): Datenreport 1989, S. 477.

44 Ebenda, S. 316.

45 Vgl. Fabian: Boom in der Krise, S. 315–317.

46 Ebenda S. 371–373.

47 Vgl. Stockmann, Ralf: Der Videoboom der achtziger Jahrein: Faulstich (Hg.): Die Kultur der achtziger Jahre, S. 123–136, hier S. 124.

48 Der Spiegel 19/1983.

49 Stockmann, Ralf: Der Videoboom der achtziger Jahre; in Faulstich (Hg.): Die Kultur der achtziger Jahre, S. 123–136, hier S. 126.

50 Der Spiegel 19/1983.

51 Vgl. Lukesch, Helmut: Video im Alltag der Jugend. Quantitative und qualitative Aspekte des Videokonsums, des Videospielens und der Nutzung anderer Medien bei Kindern, Jugendlichen und jungen Erwachsenen, Regensburg 1989.

52 Vgl. Statistisches Bundesamt (Hg.): Datenreport 1989, S. 135–137.

53 Der Spiegel 29/1983.

54 Der Spiegel 31/1985.

55 Der Spiegel 14/1985.

56 Vgl. Bierhoff, Burkhard: Die Konsumgesellschaft und der postmoderne Konsument, in: Haushalt in Bildung und Forschung 3 (2016), S. 3–18.

57 Vgl. Schmidt, Alexander: Der postmoderne Sport als Wechselspiel zwischen traditionellem und Trendsport, Eine Untersuchung ausgewählter Faktoren zur Analyse der gegenwärtigen und zukünftigen Entwicklung, Greifswald 2007 (Examensarbeit an der Ernst-Moriz-Arndt-Universität).

58 Der Spiegel 39/1987.

59 Vgl. Strobel, Ricarda: Das Jahrzehnt des Designs: Architektur, Alltagsgegenstände und Mode, in: Faulstich (Hg.): Die Kultur der achtziger Jahre, S. 51–68, hier S. 53–54.

60 StAK 62998, Einrichtung des Einkaufszentrums Sophienhof, hier: Standortanalyse und Projektbegutachtung des Instituts PRISMA für Handels-, Stadt- und Regionalforschung GmbH, Hamburg 1980.

61 Zur Entwicklung an der Holstenbrücke: Briel, Jutta, Weißel, Udo: Die Kieler Holstenbrücke. Die Entwicklung eines innerstädtischen Areals im Spannungsfeld der Stadtgestaltung von den Anfängen bis heute, Kiel 2019.

62 Höhns, Ulrich, Seiler-Kroll, Katrin: Das moderne Kiel. Stadtidee und Wirklichkeit 1900–1970, Heide 2008.

63 StAK 62998, Einrichtung des Einkaufszentrums Sophienhof, hier: Schreiben der Agentur für Anlagenberatung Herbst GmbH, Kiel, vom 9.8.1983.

64 StAK 62998, Einrichtung des Einkaufszentrums Sophienhof, hier: Projektstudie Stinnes Baupartner GmbH.

65 StAK 62998, Einrichtung des Einkaufszentrums Sophienhof.

66 *Kieler Nachrichten* vom 5.11.1981.

67 Briel, Weiß: Die Kieler Holstenbrücke, S. 65, 66.

68 *Kieler Nachrichten* vom 14.11.1980.

69 Hierzu StAK 55083, Firma Weipert KG.

70 *Kieler Nachrichten* vom 30.10.1981.

71 Presseinformation Fielmann-Entwicklung, Fielmann AG, Hamburg, 29.1.2013.

72 *Kieler Nachrichten* vom 20.9.1984, vgl. auch »Prisma-Studie« in StAK 62722 Einrichtung eines Einkaufszentrums, 1986.

73 *Kieler Nachrichten* vom 3.7.1987 und vom 23.9.1987.

74 *Kieler Nachrichten* vom 15.9.1984.

75 StAK 62998, Einrichtung des Einkaufszentrums Sophienhof, hier Flugblatt »Bekanntmachung: Der Sophienhof ist besetzt«.

76 *Kieler Nachrichten* vom 25.7.1983.

77 Vgl. StAK 62722 Einrichtung eines Einkaufszentrums, 1986.

78 Vgl. »Prisma-Studie« in StAK 62722 Einrichtung eines Einkaufszentrums, 1986.

79 StAK 62719, Errichtung eines Einkaufszentrums, hier Greiser, Sabine Großstadtarchitektur für Kiel. Der Sophienhof, Kiel 1990 (Magisterarbeit CAU Kiel).

80 *Kieler Nachrichten* vom 4.3.1988.

81 Die folgende Aufzählung der Geschäfte nach *Kieler Nachrichten* vom 3.3.1988.

82 Werbeblatt *Kieler Markt* vom 5.3.1988 (StAK 62719).

83 *Kieler Nachrichten* vom 3.3.1988.

84 *Kieler Nachrichten* vom 3.3.1988.

85 *Kieler Nachrichten* vom 3.3.1988.

86 *Kieler Nachrichten* vom 13.3.1992.

87 *Kieler Nachrichten* vom 30.6.1992.